"INSPIRADO *é autoridade em como desenvolver um produto que clientes realmente querem. Não é sobre contratar gerente de produto, é sobre estabelecer uma cultura que coloque o usuário em primeiro lugar e desenvolva a organização e equipes em torno desse cliente para garantir que você esteja desenvolvendo o melhor produto possível. Dos CEOs até Gerentes de Produto Associados, esta é uma leitura obrigatória."*

—Amanda Richardson, Chief Data & Strategy Officer, HotelTonight

"Nós começamos a trabalhar com Marty quando a Immobilien Scout estava entrando em estágio de crescimento e ele nos ajudou a construir a empresa para rapidamente escalar e crescer a fim de se tornar uma das maiores e mais bem-sucedidas startups de tecnologia na Alemanha. Ele permaneceu um amigo e conselheiro para a empresa por muitos anos. Seu livro INSPIRADO *ajudou pessoas de toda a empresa e a nova versão com certeza ajudará muitas mais empresas."*

—Jürgen Böhm, Cofundador, Immobilien Scout GmbH

"Não importa se você é um líder de produto experiente ou um gerente de produto iniciante, INSPIRADO *fará você perceber que tem o melhor trabalho no mundo e que pode ter um impacto incrível — especialmente se seguir as palavras de sabedoria de Marty Cagan. Seu livro tem sido a bíblia do nosso setor na última década e sem dúvida continuará a ser com esta última atualização contendo as mais empolgantes e melhores práticas de produto da indústria."*

—Tanya Cordrey, ex-Chief Digital Officer na Guardian News & Media

"Desenvolver um ótimo produto que expressa bem o encaixe Produto/Mercado é sempre um primeiro passo chave para qualquer startup bem-sucedida. Todavia, organizar as equipes de engenharia e produto de forma a garantir a escalabilidade, velocidade e qualidade é geralmente o próximo grande desafio. As lições apreendidas e os insights de Marty podem ser aplicados para desenvolver equipes altamente produtivas a fim de gerenciar por meio de dependências e desenvolver uma cultura que seja posicionada para escalar. Isso se aplica se seu negócio estiver precisando de uma séria correção de curso ou se estiver em um foguete espacial."

—Scott Sahadi, Fundador e CEO, The Experience Engine

"Marty oferece conselhos acionáveis sobre gestão de produto sem ser muito prescritivo, tornando sua sabedoria aplicável em vários contextos. Baseado em uma rica experiência, ilustra seu conselho com dúzias de histórias do mundo real. Se quiser criar produtos digitais que pessoas adorem, este livro fará você começar no caminho certo."

—Teresa Torres, Coach de Descoberta de Produto

"Nós trabalhamos de perto com Marty moldando produtos e desenvolvendo organizações de gestão de produto em várias de nossas empresas do portfólio. O insight e conselho de Marty é de ponta e de alta qualidade."

—- Harry Nellis, Sócio, Accel

"No início da minha carreira de Gestão de Produtos, tive a boa sorte de encontrar Marty Cagan. Desde então, ele tem sido um mentor incrível para mim e para as equipes que eu lidero. Eu vi, em primeira mão em múltiplas empresas, como Marty transforma equipes de produto e destrava o crescimento e inovação constante. Marty literal e figurativamente escreveu o livro sobre Gestão de Produtos para a indústria de tecnologia de hoje."

—Sarah Fried Rose, Líder de Produto e COO

"Tive sorte por trabalhar com alguns dos melhores gerentes de produto e mentes de produto na indústria. Na minha experiência, Marty Cagan é sem dúvida absoluta a melhor mente de gestão de produtos viva hoje. Este livro acumula anos de experiência em 350 páginas."

—Marty Abbott, CEO, Sócio na AKF, ex-CTO, eBay

"Grandes produtos agradam os clientes. Marty Cagan liderou e inspirou inúmeras equipes de produto e, em INSPIRADO, *você aprenderá como desenvolver esses produtos, tanto estrategicamente quanto taticamente."*

—Shripriya Mahesh, Sócia, Omidyar Network

"CEOs, Chief Product Officers e quem gostar da criação de grandes produtos devem ler este livro. Seus clientes adorarão você por isso."

——Phil Terry, Fundador e CEO da Collaborative Gain,
coautor de Customers Included

"Marty não é somente um veterano experiente em todos os aspectos da disciplina frequentemente ambígua de gestão de produtos, seu livro também proporciona inspiração, ferramentas e técnicas, além de uma ajuda muito prática."

——Judy Gibbons, Conselheira de Startups e Membro de Conselho

"Desenvolver ótimos produtos é difícil. Marty fornece grandes insights nas melhores práticas e habilidades que realmente só podem ser descobertas após anos de experiência e estudo. Quase toda pessoa de produto que eu respeito aprendeu gestão de produtos a partir de INSPIRADO."

—-Jason Li, CEO e Fundador, Boolan, Xangai

"Se quiser que seus clientes amem seus produtos, INSPIRADO *é um livro imprescindível 'para todos na empresa'."*

—Jana Eggers, CEO, Nara Logic

"O que eu realmente adoro de trabalhar com Marty é que suas técnicas são aplicáveis para desenvolver ótimos produtos de grandes corporações — não apenas novos apps para consumidores. INSPIRADO *é nosso verdadeiro norte. Toda vez que sinto que a organização está 'saindo dos trilhos', é hora de lê-lo de novo!"*

—Jeff Trom, Fundador e CTO, Workiva

"Conheço Marty há quase 20 anos. Neste meio-tempo, seria de imaginar que ouvi tudo o que ele tem para dizer. Ainda assim, toda vez que eu o vejo, o contínuo interesse dele em aprender sobre nosso campo significa que ele sempre tem ideias para compartilhar. E com honestidade, humanidade, franqueza e, acima de tudo, perspectiva que nunca falha em me dar uma energia revigorante e uma nova abordagem. Animada que ele tenha engarrafado isso para nós mais uma vez nesta nova edição de INSPIRADO*!"*

—Audrey Crane, Sócia, DesignMap

"A abordagem prática de Marty para desenvolver ótimos produtos transformou a forma como nós abordávamos o desenvolvimento de produtos para melhoria radical da Empresa e de nossos clientes. Igualmente importante, sua metodologia ajudou a moldar múltiplas trajetórias de carreira de pessoas tanto dentro da Empresa quanto fora dela conforme elas continuavam a direcionar o desenvolvimento de produtos em outras organizações — das empresas da Fortune 500 até outras empresas de alto crescimento sustentadas por capital de risco. Se vocês estiverem em uma função de liderança ou na equipe de produtos em uma organização tentando desenvolver produtos que sua audiência alvo adora, este deve ser o próximo livro que você vai ler."

—Shawn Boyer, Fundador, Snagajob e goHappy

"Quando precisei colocar de pé uma gestão de produtos escalável na Etsy, recorri ao Marty. Suas estratégias para estabelecer gestão de produtos como uma disciplina distinta são inestimáveis para qualquer time que esteja trabalhando em produto movidos por software e feitos por engenheiros. Raramente um livro de negócios é tão claramente escrito e repleto de conselhos concretos. Nós o utilizamos como nosso guia de gestão de produtos na escalabilidade da Etsy e eu o utilizo em toda a empresa desde então."

—Maria Thomas, Membro do Conselho e Investidora

"A arte de Gestão de Produto é a arte da vida em si. Cerque-se de grandes pessoas, foque o seu poder de atração, desenvolva grandes coisas com integridade, mantenha fortes opiniões, mas gentilmente. E Marty é um dos melhores professores desta arte."

—Punit Soni, Fundador e CEO, Robin, ex-Gerente de Produto Associado do Google

"Marty foi um coach e mentor em meus primeiros anos em gestão de produto e o livro INSPIRADO *se tornou um guia a que sempre recorria quando precisava de alguma clareza na função de gerente de produto, conjunto de habilidades ou desafios diários desde a descoberta de produtos até a execução. E ainda foi uma referência sólida quando evoluí para um papel de liderança de produto. Agora, na minha função como coach de descoberta, eu recomendo o livro para todo novo cliente. Ele não é um livro de metodologia; este livro ajuda pessoas de produto a conseguir o mindset certo independentemente das estruturas e técnicas que elas estejam usando."*

—Petra Wille, Coach de Descoberta

"A segunda edição do livro de Marty se desenvolve em uma base surpreendente de conhecimento e experiência e proporciona ainda mais insights, lições e formas de trabalho que são imperativas para toda empresa baseada em produto."

—Chuck Geiger, CTO/CPO Chegg

"Marty tem uma forma de simplificar elegantemente décadas de experiência liderando e ensinando organizações de produtos a mandar bem na criação de valor para seus clientes em uma leitura rápida, inspiradora e acionável. A partir de avaliações organizacionais, ferramentas para alinhar equipes com a necessidade do usuário real, para o âmago do processo de descoberta e entrega contínua de produtos, INSPIRADO *é a minha recomendação e referência para qualquer Líder de Produtos que pretende melhorar o que estiver fazendo pelo bem do desenvolvimento de produtos vitoriosos".*

—Lisa Kavanaugh, Coach Executivo

"Marty é lendário entre os melhores líderes de produtos por chegar ao cerne de onde suas equipes precisam melhorar. Seu conselho é prático, acionável e animará você e sua equipe a melhor abordar as necessidades de clientes imediatamente. Seus engenheiros e clientes agradecerão a você por ler este livro."

—Hope Gurion, Líder de Produtos

"Marty é o expert a quem sempre devemos recorrer para aprender como desenvolver ótimos produtos. Ele pessoalmente treinou e educou gerentes de produto do mundo inteiro em todos os setores. Marty treinou e orientou algumas das empresas de internet mais bem-sucedidas do nosso tempo. Esta segunda edição compartilha ainda mais de sua vasta expertise e conhecimento sobre como as melhores empresas no mundo são capazes de desenvolver produtos que seus clientes adoram."

—Mike Fisher, CTO, Etsy

"Marty nos lembra da importância do porquê *desenvolvemos produtos. O mindset de produtos e o foco nos nossos clientes forma melhores empreendedores, empresas e soluções para todos nós. Este mindset é a fundação do desenvolvimento de empresas de produtos bem-sucedidos em qualquer estágio."*

—Erin Stadler, Coach de Descoberta, Boomtown Accelerators

INSPIRADO

MARTY CAGAN
Silicon Valley Product Group

INSPIRADO

COMO CRIAR PRODUTOS DE TECNOLOGIA QUE OS CLIENTES **AMAM**

TRADUÇÃO DA SEGUNDA EDIÇÃO

Inspirado - Como criar produtos de tecnologia que os clientes amam

 ISBN: 978-85-508-1382-0

Impresso no Brasil — 1ª Edição, 2021 — Edição revisada conforme o Acordo Ortográfico da Língua Portuguesa de 2009.

Produção Editorial
Editora Alta Books

Gerência Editorial
Anderson Vieira

Gerência Comercial
Daniele Fonseca

Produtor Editorial
Illysabelle Trajano
Juliana de Oliveira
Thiê Alves

Assistente Editorial
Thales Silva

Marketing Editorial
Livia Carvalho
Gabriela Carvalho
marketing@altabooks.com.br

Coordenação de Eventos
Viviane Paiva
eventos@altabooks.com.br

Editor de Aquisição
José Rugeri
j.rugeri@altabooks.com.br

Equipe Editorial
Ian Verçosa
Luana Goulart
Maria de Lourdes Borges
Raquel Porto
Rodrigo Dutra

Equipe de Design
Larissa Lima
Marcelli Ferreira
Paulo Gomes

Equipe Comercial
Daiana Costa
Daniel Leal
Kaique Luiz
Tairone Oliveira
Vanessa Leite

Tradução
Luciana Palhanos

Copidesque
Vivian Sbravatti

Revisão Gramatical
Gabriella Araújo
Samuri Prezzi

Revisão Técnica
Victor Lima
Diretor na Concrete part of Accenture (Consultoria em Desenvolvimento de Produtos Digitais)

Diagramação
Lucia Quaresma

Publique seu livro com a Alta Books. Para mais informações envie um e-mail para autoria@altabooks.com.br

Obra disponível para venda corporativa e/ou personalizada. Para mais informações, fale com projetos@altabooks.com.br

Erratas e arquivos de apoio: No site da editora relatamos, com a devida correção, qualquer erro encontrado em nossos livros, bem como disponibilizamos arquivos de apoio se aplicáveis à obra em questão.

Acesse o site **www.altabooks.com.br** e procure pelo título do livro desejado para ter acesso às erratas, aos arquivos de apoio e/ou a outros conteúdos aplicáveis à obra.

Suporte Técnico: A obra é comercializada na forma em que está, sem direito a suporte técnico ou orientação pessoal/exclusiva ao leitor.

A editora não se responsabiliza pela manutenção, atualização e idioma dos sites referidos pelos autores nesta obra.

Ouvidoria: ouvidoria@altabooks.com.br

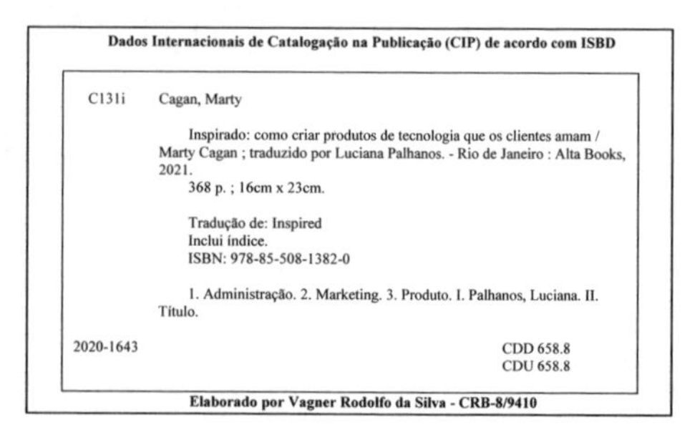
Dados Internacionais de Catalogação na Publicação (CIP) de acordo com ISBD

C131i Cagan, Marty

Inspirado: como criar produtos de tecnologia que os clientes amam / Marty Cagan ; traduzido por Luciana Palhanos. - Rio de Janeiro : Alta Books, 2021.
368 p. ; 16cm x 23cm.

Tradução de: Inspired
Inclui índice.
ISBN: 978-85-508-1382-0

1. Administração. 2. Marketing. 3. Produto. I. Palhanos, Luciana. II. Título.

2020-1643 CDD 658.8
CDU 658.8

Elaborado por Vagner Rodolfo da Silva - CRB-8/9410

Rua Viúva Cláudio, 291 — Bairro Industrial do Jacaré
CEP: 20.970-031 — Rio de Janeiro (RJ)
Tels.: (21) 3278-8069 / 3278-8419
www.altabooks.com.br — altabooks@altabooks.com.br
www.facebook.com/altabooks — www.instagram.com/altabooks

Este livro é dedicado ao meu pai, Carl Cagan. Em 1969, ele recebeu o primeiro PhD em Ciência da Computação nos Estados Unidos (antes de a Ciência da Computação fazer parte dos programas de engenharia elétrica) e foi autor do primeiro livro sobre bancos de dados (Data Management Systems, em 1973, também pela John Wiley & Sons).

Além de ser um pai maravilhoso, ele me ensinou a programar um computador quando eu tinha 9 anos de idade — décadas antes disso ser importante — e ele instilou em mim um amor pela tecnologia quando tantas tecnologias de que nós dependemos hoje estavam apenas sendo concebidas.

Agradecimentos

O simples ato de reunir neste livro as melhores práticas das melhores empresas de produto do setor significa que aprendi com pessoas muito excepcionais. Fui especialmente sortudo de ter tido a chance de trabalhar com e para algumas de nossas melhores empresas e mentes de produtos do ramo. Aprendi com cada uma destas pessoas, mas algumas delas causaram uma boa impressão tão profunda em mim que devo agradecê-las aqui.

Acima de tudo, meus parceiros no Silicon Valley Product Group. Eles são meus colegas agora precisamente porque fiquei tão impressionado com o talento deles e aprendi muito com cada um deles ao longo dos anos: Lea Hickman, Martina Lauchengco e Chris Jones.

Devo também agradecer a Peter Economy, Jeff Patton e Richard Narramore pela ajuda na revisão e no aprimoramento deste livro.

A gênese deste livro foi um material desenvolvido na Netscape Communications. A Netscape forneceu uma incomparável oportunidade de aprendizado e eu tive muitos insights sobre produto e liderança trabalhando para e com mentes verdadeiramente brilhantes, incluindo Marc Andreessen, Barry Appelman, Jennifer Bailey, Jim Barksdale, Peter Currie, Eric Hahn, Basil Hashem, Mike Homer, Ben Horowitz, Omid Kordestani, Keng Lim, Bob Lisbonne, Debby Meredith, Mike McCue, Danny Shader, Sharmila Shahani, Ram Shriram, Bill Turpin e David Weiden.

Na eBay, tenho que creditar especialmente Marty Abbott, Mike Fisher, Chuck Geiger, Jeff Jordan, Josh Kopelman, Shri Mahesh, Pierre Omidyar, Lynn Reedy, Stephanie Tilenius e Maynard Webb.

Cada uma destas pessoas diretamente me influenciou e informou tópicos específicos neste livro, seja por sua explícita ajuda e coaching, seja simplesmente pela forma da sua liderança e ações que eu tive sorte o suficiente de testemunhar em primeira mão.

Embora o tempo que trabalhei para essas empresas excepcionais tenha sido uma inestimável experiência de aprendizado, descobri que, conforme comecei a trabalhar com equipes de tecnologia no meu trabalho de coaching e aconselhamento como parte da SVPG, eu me beneficiei imensamente da chance de encontrar e trabalhar com líderes de produtos em várias das melhores empresas do nosso setor. Existem simplesmente muitas pessoas para listar, mas elas sabem quem são e eu sou grato a cada uma delas.

Este livro é baseado no material produzido para um blog e newsletter que publiquei por vários anos, e todos os tópicos foram melhorados graças ao feedback e comentários de literalmente milhares de gerentes de produtos e líderes de produto de todo canto do mundo. Agradeço a todos os que leram, compartilharam e comentaram estes artigos.

Finalmente, essas pessoas que conhecem a cultura das empresas em que trabalhei entendem que várias horas foram envolvidas e eu não poderia ter contribuído para estas empresas sem o apoio de minha esposa e filhos.

Sobre o Autor

Antes de fundar o Silicon Valley Product Group a fim de aprofundar os seus interesses em ajudar outras pessoas a criar produtos bem-sucedidos por meio de sua escrita, fala, aconselhamento e coaching, Marty Cagan trabalhou como um executivo responsável por definir e desenvolver produtos para algumas das empresas mais bem-sucedidas no mundo, incluindo a Hewlett-Packard, Netscape Communications e eBay.

Marty começou sua carreira com uma década como engenheiro de software nos laboratórios da Hewlett-Packard, conduzindo pesquisa sobre tecnologia de software e desenvolvendo vários produtos de software para outros desenvolvedores de software.

Após a HP, Marty se juntou à então jovem Netscape Communications Corporation, onde ele teve a oportunidade de participar do nascimento da indústria da internet. Marty trabalhou diretamente para o cofundador Marc Andreessen, como vice-presidente de ferramentas e plataformas da Netscape e, mais tarde, com aplicações de e-commerce, além de ter trabalhado para ajudar empresas da Fortune 500 e startups de internet semelhantes a entender e usar a tecnologia recém-emergente.

Marty foi mais recentemente vice-presidente sênior de produtos e design da eBay, onde foi responsável por definir produtos e serviços para o site de negócio de e-commerce global da empresa.

Durante sua carreira, Marty pessoalmente desempenhou e gerenciou muitas das funções de uma moderna organização de produtos de software, incluindo engenharia, gestão de produtos, marketing de produtos, design de experiência de usuário, teste de software, gestão de engenharia e gestão em geral.

Como parte de seu trabalho com SVPG, Marty é um palestrante convidado em grandes conferências e nas principais empresas ao redor do mundo.

Marty é graduado pela Universidade da Califórnia, em Santa Cruz, com bacharelado em Ciência da Computação e Economia Aplicada (1981), e pelo Instituto Executivo da Universidade de Stanford (1994).

Sumário

Prefácio da Segunda Edição

Quando eu considerei publicar uma atualização para a primeira edição do meu livro *INSPIRADO*, estimei que talvez eu modificaria de 10% a 20% do conteúdo. Isso porque havia muito pouco na primeira edição que eu gostaria que pudesse mudar.

Todavia, uma vez que comecei, rapidamente percebi que esta segunda edição exigiria uma revisão completa. Não porque me arrependi do que tinha escrito, mas porque acredito que eu tenha muitas formas melhores de explicar estes tópicos agora.

Eu não tinha ideia de que a primeira edição seria tão bem-sucedida quanto foi. Graças ao livro, fiz amigos no mundo inteiro. Ele foi traduzido para vários idiomas e, apesar de ter quase 10 anos, as vendas continuam a crescer, de boca a boca e via resenhas.

Então, se você tiver lido a primeira edição, agradeço a você e espero que você desfrute ainda mais da segunda edição. Se você é novo em *INSPIRADO*, espero que esta nova edição realize seu objetivo até melhor.

Escrevi a primeira edição antes de o Agile estar bem estabelecido nas empresas de produto e antes de a nomenclatura Startup Enxuta e Desenvolvimento de Clientes tornar-se popularizada. Hoje, muitas equipes vêm usando estas técnicas há vários anos e estão mais interessadas no que está além de Lean e Agile. É o que eu foco aqui.

Mantive a estrutura básica do livro intacta, mas as técnicas que descrevo melhoraram significativamente na última década.

Além de mudar como explico os tópicos e atualizar as técnicas, a outra grande mudança no livro é que eu agora entro em detalhes sobre o que refiro aqui como Produto em Escala.

Na primeira edição, foquei mais as startups. Nesta edição, todavia, quis expandir o escopo para olhar para os desafios de empresas em estágio de crescimento e como o produto pode ser bem feito em grandes empresas corporativas.

Não há dúvida nenhuma de que a escalabilidade apresenta desafios críticos e, na última década, muito do meu tempo foi gasto fazendo coach de empresas que estão passando por um rápido crescimento. Às vezes, nós chamamos isso de sucesso de sobrevivência, se isso dá a você uma indicação de quão difícil isso pode ser.

Recebi muito feedback bom de leitores da primeira edição e existem duas coisas importantes que aprendi e que gostaria de abordar aqui.

Primeira, realmente existe uma necessidade crucial de focar o trabalho específico do gerente de produto. Na primeira edição, falei muito sobre gestão de produtos, mas tentei falar com equipes de produtos mais amplamente. Hoje, existem vários recursos excelentes para designer de produtos e engenheiros, mas pouquíssimos disponíveis especificamente para *gerentes de produto* que são responsáveis pelos produtos *movidos a tecnologia*. Então, nesta edição eu decidi concentrar-me no trabalho do gerente de produtos de tecnologia. Se você for um gerente de produto em uma empresa de tecnologia ou se você aspira ser um, espero que este livro se torne um recurso recorrente para você.

Segunda, existem várias pessoas procurando por uma receita para o sucesso de seu produto — um guia ou estrutura prescritiva sobre como criar produtos que clientes amam. Embora entenda o desejo, e saiba que eu provavelmente venderia muitas mais cópias se posicionasse este livro dessa forma, a triste verdade é que não é assim que grandes produtos são criados. É muito mais sobre criar a cultura de produto certa para o sucesso e entender a gama da descoberta de produtos e técnicas de entrega para que você possa usar a ferramenta correta para o problema específico que estiver enfrentando. E, sim, isso significa que o trabalho do gerente de produtos não é em nenhum sentido fácil e, a verdade seja dita, nem todos estão equipados para ter êxito neste trabalho.

De qualquer modo, a gestão de produtos de tecnologia é hoje um dos trabalhos mais desejados no nosso setor e é a fonte principal — a pista de testes — dos CEOs de startups. Então, se você tem desejo e está disposto a se esforçar, nada me agradaria mais do que ajudá-lo a ter êxito.

PARTE

I

Lições das Principais Empresas de Tecnologia

Em meados da década de 1980, eu era um jovem engenheiro de software trabalhando para a Hewlett-Packard em um produto de ampla repercussão. Era um tempo (a primeira vez) em que inteligência artificial era a última moda e fui sortudo o suficiente por trabalhar no que era então uma das melhores empresas de tecnologia do setor, como parte de uma equipe de engenharia de software muito forte (vários membros daquela equipe tiveram um sucesso substancial em empresas no ramo).

Nossa tarefa era difícil: lançar tecnologia ativada por IA de baixo custo, uma estação de trabalho de propósito geral que, até então, exigia uma combinação de software/hardware específica que custava mais de US$100 mil por usuário — um preço que poucos poderiam arcar.

Nós trabalhamos muito e pesado por muito mais de um ano, sacrificando incontáveis noites e fins de semanas. Ao longo do caminho, adicionamos várias patentes ao portfólio da HP. Desenvolvemos o software para atender aos padrões de qualidade minuciosos da HP. Internacionalizamos o produto e o localizamos para vários idiomas. Treinamos a equipe de vendas. Lançamos nossa tecnologia para a imprensa e recebemos excelentes críticas. Estávamos prontos. Lançamos. Celebramos o lançamento.

Apenas um problema: ninguém o comprou.

O produto foi um completo fracasso no mercado. Sim, ele era tecnicamente impressionante e os críticos o adoraram, mas não era aquilo que as pessoas queriam ou precisavam.

A equipe ficou extremamente frustrada, é claro, com este resultado. Mas logo começamos a nos fazer algumas perguntas importantes: Quem decide quais produtos devemos desenvolver? Como eles decidem? Como eles sabem que o que desenvolvemos será útil?

Nossa jovem equipe aprendeu algo muito profundo — algo que muitas equipes descobriram da pior maneira: *não importa o quão boa é a sua equipe de engenharia se não for dado a eles algo que valha a pena desenvolver.*

Ao tentar rastrear a causa da nossa falha, aprendi que as decisões sobre o que desenvolver vinham de um gerente de produto — alguém que geralmente faz parte da área de marketing e que era responsável por definir os produtos que desenvolvíamos. Mas também aprendi que a HP não era boa no gerenciamento de produtos. Aprendi depois que muitas empresas também não eram boas nisso e, na verdade, muitas ainda não são.

Prometi a mim mesmo que nunca mais trabalharia tão pesado em um produto a não ser que eu soubesse que ele seria algo que os usuários e clientes queriam.

Ao longo dos próximos 30 anos, tive a grande sorte de trabalhar em alguns dos produtos de alta tecnologia mais bem-sucedidos do nosso tempo — primeiro na HP durante o surgimento dos computadores pessoais; depois na Netscape Communications durante o surgimento da Internet, onde trabalhei como vice-presidente de plataforma e ferramentas; mais tarde na eBay durante o surgimento do e-commerce e marketplaces, onde eu trabalhei como vice-presidente sênior de produtos e design; e então como conselheiro de startups trabalhando com muitas das quais se tornaram hoje as mais bem-sucedidas empresas de produtos tecnológicos.

Nem toda iniciativa de produto foi tão bem-sucedida como as outras, mas fico feliz em dizer que nenhuma foi um fracasso e que várias se tornaram queridas e usadas por milhões de pessoas ao redor do mundo.

Logo após deixar a eBay, comecei a receber ligações de organizações de produtos querendo melhorar o modo como eles os produziam. Ao começar a trabalhar com estas empresas, descobri que havia uma tremenda diferença entre como as *melhores* empresas produziam produtos e como *a maioria* das empresas os produziam.

Descobri que havia uma tremenda diferença entre como as melhores *empresas produziam produtos e como* a maioria *das empresas os produziam.*

Percebi que *a teoria era muito diferente da prática.*

Muitas empresas ainda usavam modos antigos e ineficientes para descobrir e entregar produtos. Também aprendi que havia pouca ajuda preciosa disponível, seja da universidade, incluindo os melhores programas de faculdades de negócios, seja de organizações dos setores, que pareciam desesperadamente presas a modelos falhos do passado — justamente como aquele em que trabalhei na HP.

Tenho tido grandes desafios e sou especialmente grato por ter tido a chance de trabalhar para e com algumas das melhores mentes de produtos no setor. As melhores ideias deste livro são destas pessoas. Há uma lista de muitas delas nos agradecimentos. Aprendi com todas elas e sou grato por cada uma delas.

Escolhi esta carreira porque queria trabalhar com produtos que clientes amam — produtos que inspiram e oferecem um valor real. Acho que a maioria dos líderes de produtos também querem criar produtos inspiradores e bem-sucedidos. Mas a maioria dos produtos não são inspiradores e a vida é muito curta para produtos ruins.

A minha esperança ao escrever este livro é que ele ajudará a compartilhar as melhores práticas das mais bem-sucedidas empresas de produtos e que o resultado será produtos verdadeiramente inspiradores — produtos que os clientes adoram.

CAPÍTULO

1

Por Trás de Todo Grande Produto

É minha convicção, e o conceito central que conduz este livro, que por trás de todo grande produto existe alguém — geralmente alguém nos bastidores, trabalhando incansavelmente — que levou a equipe de produtos a combinar tecnologia e design para resolver problemas reais dos clientes de uma maneira que atende às necessidades do negócio.

Estas pessoas geralmente têm o título de *gerente de produto*, mas elas poderiam ser um cofundador de startup ou CEO, ou elas poderiam ser alguém em uma outra função na equipe que se voluntariou porque viu a necessidade.

Além disso, esta função de gestão de produtos é muito distinta das funções de design, engenharia, marketing ou gerente de projetos.

Este livro é destinado a estas pessoas.

Dentro das equipes de produtos da tecnologia moderna, o gerente de produto tem algumas responsabilidades muito específicas e muito desafiadoras. É um trabalho extremamente difícil, e se alguém tentar te convencer do contrário, não está te fazendo nenhum favor.

A função do gerente de produto é geralmente muito mais uma tarefa de tempo integral. Eu pessoalmente não conheço muitos que são capazes de fazer o que eles precisam fazer em menos de 60 horas por semana.

É ótimo se você é um designer ou um engenheiro que também quer trabalhar como gerente de produto — existem algumas vantagens reais para isso. Mas você descobrirá muito rapidamente que está assumindo uma imensa quantidade de trabalho. Porém, se estiver disposto a isso, os resultados podem ser impressionantes.

> *É minha convicção, e o conceito central que conduz este livro, que por trás de todo grande produto existe alguém — geralmente alguém nos bastidores, trabalhando incansavelmente — que levou a equipe de produtos a combinar tecnologia e design para resolver problemas reais dos clientes de uma maneira que atende às necessidades do negócio.*

Uma equipe de produtos é composta de, no mínimo, um gerente de produto e geralmente em torno de 2 a 10 engenheiros. Se você estiver criando um produto voltado para usuário, é esperado que você tenha um designer de produto na sua equipe também.

Neste livro, exploramos a situação em que você poderá ter que utilizar engenheiros ou designers em um local diferente ou de uma agência ou empresa terceirizada. Mas, apesar da maneira como você monta a sua equipe, esse trabalho e este livro supõem que você tem uma equipe para trabalhar com você para projetar, desenvolver e entregar um produto.

CAPÍTULO

2

Serviços e Produtos Movidos à Tecnologia

Há muitos tipos de produtos por aí, mas neste livro me concentro exclusivamente nos produtos que são *movidos à tecnologia*.

Alguma coisa do que exploramos neste livro pode te ajudar se estiver desenvolvendo produtos não tecnológicos, mas não existem garantias nesse caso. Francamente, já existe uma ampla variedade de informações prontamente acessíveis para produtos não tecnológicos, tais como a maioria dos produtos embalados para consumo e para gerentes de produtos destes produtos não tecnológicos.

Meu foco está nos desafios e problemas únicos associados à construção de produtos, serviços e experiências movidos à tecnologia.

Alguns bons exemplos do que exploramos são serviços de consumo, tais como sites de e-commerce ou marketplaces (por exemplo, Netflix, Airbnb ou Etsy), mídias sociais (por exemplo, Facebook, LinkedIn ou Twitter), serviços para empresas (por exemplo, Salesforce.com, Workday ou Workiva), aparelhos para consumidores (por exemplo, Apple, Sonos ou Tesla) e aplicativos móveis (por exemplo, Uber, Audible ou Instagram).

Produtos movidos à tecnologia não precisam ser puramente digitais. Muitos dos melhores exemplos hoje são misturas de experiências online e offline — como arrumar uma carona ou um quarto para passar a noite, pegar empréstimo para pagar pela sua casa ou enviar um pacote para chegar no dia seguinte.

Meu foco está nos desafios e problemas únicos associados à construção de produtos, serviços e experiências movidos à tecnologia.

É minha convicção que muitos produtos hoje estão se transformando em produtos *movidos à tecnologia* e as empresas que não percebem isso estão rapidamente sofrendo disrupção. Mas, novamente, eu só estou focado aqui em produtos movidos à tecnologia e a essas empresas que acreditam que devem incorporar a tecnologia e consistentemente inovar em nome de seus clientes.

CAPÍTULO

3

Startups: Alcançando o Encaixe Produto/Mercado

No mundo tecnológico, nós geralmente temos três estágios de empresas: startups, estágio de crescimento e empresas consolidadas. Vamos brevemente considerar como caracterizamos cada um destes estágios e os desafios que você provavelmente enfrentará em cada um.

Defino superficialmente *startup* como uma nova empresa de produtos que ainda tem que alcançar um encaixe do produto com o mercado. Este é um conceito extremamente importante que definirei nas páginas a seguir, mas, por enquanto, vamos apenas dizer que a startup ainda está tentando inventar um produto que possa mover um negócio viável.

Em uma startup, a função do gerente de produto é geralmente desempenhada por um dos cofundadores. Tipicamente, existem menos de 25 engenheiros, que ficam responsáveis por até 4 ou 5 equipes de produtos.

A realidade da vida da startup é que você está em uma corrida para alcançar o encaixe do produto com o mercado antes de acabar o dinheiro. Nada mais importa até você inventar um produto forte que atenda às necessidades de mercado inicial, logo, muito do foco da nova empresa está necessariamente no produto.

Startups geralmente têm uma quantidade limitada de financiamento inicial, com o propósito de determinar se a empresa pode descobrir e entregar o produto necessário. Quanto mais perto você chegar do esgotamento de dinheiro, mais frenético o passo fica e mais desesperadas a equipe e a liderança se tornam.

Nada mais importa até você inventar um produto forte que atenda às necessidades de mercado inicial, logo, muito do foco da nova empresa está necessariamente no produto.

Embora o dinheiro e o tempo sejam tipicamente apertados, boas startups são otimizadas para aprender e se mover rapidamente e normalmente há muito pouca burocracia para desacelerá-las. Ainda assim, a taxa muito alta de fracasso das startups de tecnologia não é nenhum segredo. As poucas que tiveram sucesso são geralmente aquelas que são realmente boas na descoberta de produtos, o que é um tópico importante deste livro.

Trabalhar em uma startup — correndo em direção ao encaixe do produto com o mercado — é geralmente estressante, exaustivo e arriscado. Mas pode também ser uma experiência surpreendentemente positiva e, se tudo correr bem, pode haver uma recompensa financeira.

CAPÍTULO

4

Empresas em Estágio de Crescimento: Escalando para o Sucesso

Aquelas startups qualificadas e sortudas o suficiente (geralmente são necessários os dois) para conseguir o encaixe do produto com o mercado estão prontas para enfrentar outro desafio igualmente difícil: como crescer e escalar efetivamente.

Existem vários desafios muito significativos envolvidos no crescimento e na escalabilidade de uma startup em um negócio grande e bem-sucedido. Apesar de ser um desafio extremamente difícil, é, como dizemos, um bom problema para se ter.

Além de contratar muito mais pessoas, precisamos descobrir como repetir nossos sucessos anteriores com novos produtos e serviços adjacentes. Ao mesmo tempo, precisamos aumentar o negócio principal o mais rápido possível.

No estágio de crescimento, tem-se, tipicamente, algo entre cerca de 25 e centenas de engenheiros, então há muito mais pessoas por perto para ajudar, mas os sinais de estresse organizacional estão em todo lugar.

As equipes de produto reclamam que não entendem a situação como um todo — não veem como o seu trabalho contribui para metas maiores e têm dificuldades com o significado de ser uma equipe autônoma e empoderada.

Apesar de ser um desafio extremamente difícil, é, como dizemos, um bom problema para se ter.

Vendas e marketing frequentemente reclamam que as estratégias de entrada no mercado que funcionaram para o primeiro produto não são apropriadas para alguns dos novos produtos no portfólio.

A infraestrutura da tecnologia que foi criada para atender às necessidades do produto inicial está frequentemente sobrecarregada e você começa a ouvir o termo "dívida técnica" de todo engenheiro com quem conversa.

Este estágio é também difícil para os líderes, porque os mecanismos e o estilo de liderança que funcionavam enquanto a empresa era uma jovem startup frequentemente falham ao escalar. Líderes são forçados a mudar suas funções e, em vários casos, seus comportamentos.

Mas a motivação para superar estes desafios é muito forte. A empresa está frequentemente na busca de uma abertura de capital ou talvez se tornando uma unidade de negócio maior de uma empresa existente. Além de que a possibilidade muito real de ter um impacto positivo e significativo no mundo pode ser muito motivador.

CAPÍTULO

5

Empresas Consolidadas: Inovação de Produto Consistente

Para as empresas que tiveram sucesso na escalabilidade e que querem criar um negócio duradouro, alguns dos desafios mais difíceis ainda estão por vir.

Fortes empresas de produtos tecnológicos sabem que precisam garantir uma consistente inovação de produtos. Isto significa criar constantemente um novo valor para seus clientes e para seu negócio. Não só ajustando e otimizando produtos existentes (referido como captura de valor), mas, ao contrário, desenvolvendo cada produto para alcançar o seu total potencial.

Contudo, várias grandes empresas consolidadas já embarcaram em uma lenta espiral da morte. Elas se dedicam totalmente a alavancar o valor e a marca que foi criada vários anos ou mesmo décadas antes. A morte de uma empresa consolidada raramente ocorre da noite para o dia e uma grande empresa pode ficar à deriva por vários anos. Mas, pode acreditar, a organização está afundando e o estágio final é praticamente certo.

Não é intencional, é claro, mas uma vez que as empresas alcancem este tamanho — frequentemente se tornando uma empresa de capital aberto —, existirá um enorme número de stakeholders por todo negócio trabalhando pesado para proteger o que a empresa criou. Infelizmente, isto frequentemente significa eliminar novas iniciativas ou empreendimentos que poderiam recriar o negócio (mas potencialmente colocar o negócio principal em risco), ou colocar tantos obstáculos para novas ideias que poucas pessoas se dispõem (ou conseguem) a colocar a empresa em uma nova direção.

Fortes empresas de produtos tecnológicos sabem que precisam garantir uma consistente inovação de produtos.

É difícil não perceber os sintomas disso, começando com o moral baixo, a falta de inovação e o quão lento é o processo para novos produtos caírem nas mãos de clientes.

Quando a empresa era jovem, provavelmente tinha uma visão clara e persuasiva. Quando ela alcança o estágio de consolidação, entretanto, a empresa atinge amplamente essa visão original e agora as pessoas não têm certeza do que vem depois. Equipes de produto reclamam sobre a falta de visão, falta de empoderamento, o fato de que uma tomada de decisão demora muito e que o trabalho de produto está se transformando em design por comitê.

A liderança provavelmente também está frustrada com a falta de inovação das equipes de produto. Frequentemente, elas recorrem a aquisições ou a criações de "centros de inovação" separados para incubar novos negócios em um ambiente protegido. Porém, isto raramente resulta na inovação pela qual elas estão tão desesperadas.

E você ouvirá também muita conversa sobre como grandes empresas consolidadas, tais como Adobe, Amazon, Apple, Facebook, Google e Netflix conseguiram evitar este destino. A equipe de liderança da empresa se pergunta por que elas não podem fazer o mesmo. A verdade é que elas *poderiam* fazer o mesmo. Mas precisarão fazer algumas grandes mudanças. E é disso que este livro trata.

CAPÍTULO

6

As Causas Raízes de Iniciativas de Produtos Fracassados

Vamos começar explorando as causas do porquê tantas iniciativas de produto fracassam.

Vejo o mesmo modo básico de trabalhar na grande maioria das empresas, de todos os tamanhos, em toda esquina do mundo inteiro e noto que não chega nem perto de como as melhores empresas de fato trabalham.

Deixe-me avisar a você que esta discussão pode ser um pouco deprimente, especialmente se isso incomodá-lo. Então, se esse for o caso, pedirei que aguente aí comigo.

A Figura 6.1 descreve o processo que muitas empresas ainda usam para criar produtos. Eu tentarei não opinar ainda — deixe-me primeiro descrever o processo.

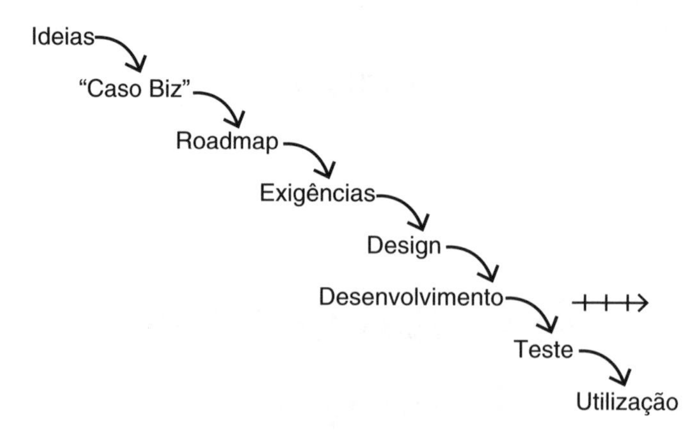

FIGURA 6.1 Causas de Fracassos das Iniciativas de Produtos

Como se pode ver, tudo começa com *ideias*. Na maioria das empresas, elas vêm de dentro (executivos e stakeholders chave ou donos de unidades de negócios) ou de fora (clientes atuais ou prospectos). De onde quer que as ideias se originem, existe sempre um monte de coisas nas diferentes partes do negócio que precisam ser feitas.

Bem, muitas empresas querem priorizar essas ideias em um *roadmap*, e elas fazem isso por duas razões principais. Primeiro, elas querem que nós trabalhemos no que é mais importante e, segundo, elas querem poder prever quando as coisas ficarão prontas.

Para realizar isso, existe geralmente alguma forma de *sessão de planejamento trimestral ou anual* em que os líderes consideram as ideias e negociam um roadmap do produto. Mas, a fim de priorizar, eles primeiro precisam de alguma forma de um *caso de negócio* para cada item.

Algumas empresas fazem casos de negócio formais e outras informais, mas de qualquer jeito isso se resume à necessidade de saber duas coisas sobre cada ideia: (1) Quanto dinheiro ou valor isso gerará? e (2) Quanto dinheiro ou tempo isso custará? Estas informações são então usadas para desenhar um roadmap, geralmente para o próximo trimestre, mas às vezes para um ano depois.

Neste ponto, a área de tecnologia e produto tem suas ordens operantes e tipicamente desenvolve os itens da prioridade mais alta para a mais baixa.

Uma vez que a ideia alcança o topo da lista, a primeira coisa a ser feita é o gerente de produto conversar com os stakeholders para detalhar a ideia e um conjunto de "requisitos".

Estes requisitos poderiam ser histórias de usuários ou alguma especificação funcional. O seu propósito é comunicar aos designers e engenheiros o que precisa ser desenvolvido.

Uma vez que os requisitos são coletados, a equipe (supondo que a empresa tenha tal equipe) de *design de experiência do usuário (*UX*)* é solicitada a conceber o design de interação, o design visual e, em casos de aparelhos físicos, o design industrial.

Finalmente, as especificações de design e exigências chegam até os *engenheiros*. É aqui que geralmente o Agile finalmente entra em cena.

De qualquer forma, os engenheiros tipicamente separarão o trabalho em um conjunto de *iterações* — chamadas "sprints" no Scrum. Então, talvez leve de um a três sprints para desenvolver a ideia.

Com sorte, o *Quality Assurance [*garantia de qualidade*]* fará parte desses sprints, mas, caso não faça, a equipe de QA dará continuidade ao processo com alguns testes para ter certeza de que a nova ideia funciona como esperado e não introduz outros problemas (conhecidos como *regressões*).

Uma vez que temos a luz verde do QA, a nova ideia é finalmente *aplicada* para os clientes atuais.

Na maioria das empresas que conheci, grandes e pequenas, esta é a forma como essencialmente trabalham e vêm trabalhando há vários anos. Estas mesmas empresas, inclusive, consistentemente reclamam da *falta de inovação* e do longo período de tempo que leva para a ideia chegar até as mãos dos clientes.

Pode ser que você tenha percebido que, embora eu tenha mencionado Agile, e apesar de todo mundo hoje em dia afirmar ser Agile, o que acabei de descrever é um processo *cascata.* Justiça seja feita aos engenheiros, eles tipicamente seguem Agile ao máximo, dado o contexto de cascata mais abrangente.

Apesar de todo mundo hoje em dia afirmar ser Agile, o que acabei de descrever é um processo cascata.

Certo, esse pode ser o jeito que muitas equipes fazem, mas por que essa é necessariamente a razão para tantos problemas? Vamos ligar os pontos agora, para que possamos claramente ver por que esta forma muito comum de trabalho é responsável por muitas iniciativas de produto fracassadas.

Na lista a seguir, compartilho o que considero ser o top 10 dos maiores problemas com esta forma de trabalho. Tenha em mente que todos os 10 são *problemas muito sérios*, e qualquer um deles pode prejudicar uma equipe. Mas várias empresas têm mais de um ou mesmo todos estes problemas.

1. Vamos começar do topo: a *fonte de ideias*. Este modelo leva a produtos guiados por stakeholders e ofertas especiais guiadas por vendas. Há muito mais sobre esse tópico, mas, por ora, deixe-me dizer que essa não é a fonte de nossas melhores ideias de produto. Outra consequência desta abordagem é a falta de empoderamento de equipe. Neste modelo, elas apenas estão lá para implementar — elas são mercenárias.

2. Logo, vamos falar sobre a falha fatal nestes *casos de negócios*. Para ser claro, eu pessoalmente sou a favor de fazer casos de negócios, pelo menos para ideias que precisam de um investimento maior. Mas a forma como muitas empresas os fazem neste estágio para criar um roadmap priorizado é realmente ridículo e eis o porquê. Lembra-se daquelas duas entradas principais para cada caso de negócio? Quanto dinheiro você fará e quanto isso custará? Bem, a verdade nua e crua é que, neste estágio, nós não temos nenhuma pista sobre nada disso. *Não tem como saber.*

   Não dá pra saber quanto dinheiro faremos porque isso depende inteiramente de quão boa a solução acaba sendo. Se a equipe fizer um excelente trabalho, pode ser que seja radicalmente bem-sucedida e literalmente mude o curso da empresa. A verdade, no entanto, é que várias ideias de produto acabam gerando absolutamente nada. E isso não é um exagero por efeito. Literalmente *nada* (nós sabemos disto por causa de testes A/B).

A primeira verdade é que, no mínimo, metade das nossas ideias simplesmente não darão certo.

Em qualquer caso, uma das lições mais críticas no produto é *saber o que não podemos saber* e simplesmente não tem como saber quanto dinheiro ganharemos neste estágio.

Do mesmo modo, não temos ideia do quanto custará para ser desenvolvido. Sem saber a solução real, é extremamente difícil que a engenharia preveja. Muitos engenheiros experientes se recusarão até mesmo a dar uma estimativa neste estágio, mas alguns são forçados ao antigo compromisso de estimativa PMG — a gente só quer saber se é "pequeno, médio, grande ou extragrande".

Mas empresas realmente querem que os roadmaps sejam priorizados, e, para isso, precisam de um algum tipo de sistema para avaliar as ideias. Então as pessoas brincam com o jogo do caso de negócio.

3. Um problema ainda maior é o que vem a seguir, que é quando empresas ficam muito animadas com seus *roadmaps de produto*. Vi incontáveis roadmaps ao longo dos anos e a grande maioria deles são essencialmente listas priorizadas de funcionalidades e projetos. O marketing precisa destas funcionalidades para uma campanha. O departamento de vendas precisa destas funcionalidades para um novo cliente. Alguém quer uma integração PayPal. Você entendeu a ideia.

   Mas eis o problema, e talvez o maior de todos. Isso é o que chamo de *duas verdades inconvenientes sobre produtos*.

   A primeira verdade é que, no mínimo, *metade das nossas ideias simplesmente não darão certo*. O mais comum é que os clientes não fiquem tão animados com esta ideia quanto nós. Então, eles escolhem não usá-la. Às vezes, eles querem usá-la e a testam, mas o produto é tão complicado que é simplesmente mais aborrecimento do que utilidade, então os usuários novamente escolhem não usá-la. Às vezes, o problema é que os clientes a adorariam, mas seu desenvolvimento é muito mais complexo do que pensávamos, e decidimos que simplesmente não podemos arcar com o tempo e dinheiro necessários para entregá-la.

Então, prometo a você que, no mínimo, metade das ideias no seu roadmap não vão entregar o que você espera. (A propósito, as equipes muito boas assumem que no mínimo três quartos das ideias não ocorrerão do jeito que elas esperam.)

Se isso não for ruim o bastante, a segunda verdade inconveniente é que, mesmo com as ideias que realmente provam ter potencial, tipicamente leva *várias iterações* para conseguir a implementação desta ideia até o ponto em que ela entregue o valor de negócio necessário. Nós chamamos isso de *time to money*.

Uma das coisas mais importantes sobre produtos que já aprendi é que simplesmente não existe fuga para estas verdades inconvenientes, não importa o quão esperto você seja. E eu tive a grande sorte de trabalhar com várias equipes de produto excepcionais. A real diferença é como você lida com estas verdades.

4. Logo, vamos considerar a *função da gestão de produto* neste modelo. Na verdade, não chamaríamos esta função de gestão de produto — é, na verdade, uma forma de gestão de projetos. Neste modelo, tem mais a ver com *coletar requisitos e documentá-los* para engenheiros. Neste ponto, deixe-me apenas dizer que isto está muito longe da realidade da gestão de produto de tecnologia moderna.

5. A história é similar para a *função do design*. Já é muito tarde para obter o valor real do design e o que está sendo feito é basicamente o que chamamos de "dar um tapa no visual". O dano já foi feito e agora estamos tentando apenas tapar o sol com a peneira. Os UX designers sabem que isso não é bom, mas eles tentam ao máximo fazer com que seja o melhor e mais consistente possível.

6. Talvez a maior oportunidade perdida neste modelo é o fato de que a *engenharia chega muito tarde*. Se você apenas está usando seus engenheiros para codificar, está ganhando somente cerca de metade do seu valor. O segredinho no mundo de produto é que *engenheiros*

são tipicamente a melhor fonte de inovação; contudo, eles nem mesmo são convidados para a festa neste processo.

7. Não só a engenharia, mas os princípios e os principais benefícios do Agile também entram em cena muito tarde. Equipes que usam Agile deste modo recebem talvez 20% do potencial e valor reais dos métodos Agile. O que se vê na verdade é Agile para entrega, mas o resto da organização e contexto não é nada Agile.

8. Este processo inteiro é muito *centrado em projetos*. A empresa geralmente financia projetos, seleciona projetos, faz com que projetos sejam aceitos pela organização e finalmente lança projetos. Infelizmente, *projetos focam entrega, e produtos têm tudo a ver com resultados*. Este processo previsivelmente leva a projetos órfãos. Sim, algo foi lançado, mas não atende seus objetivos, então qual foi realmente o ponto? Em qualquer caso, esse é um sério problema e nem está perto de como precisamos desenvolver produtos.

9. A maior falha do antigo processo cascata sempre tem sido, e permanece sendo, que todo o risco está no fim, o que significa que a *validação do cliente acontece muito tarde*.

   Não é nenhuma surpresa que tantas empresas gastam muito tempo e dinheiro e recebem muito pouco de retorno.

   A ideia principal nos métodos Lean é reduzir desperdício, e uma das maiores formas de desperdício é projetar, desenvolver, testar e aplicar uma funcionalidade ou produto e então descobrir que não era o que era necessário. A ironia é que várias equipes *acreditam* que estão aplicando os princípios Lean; contudo, seguem este processo básico que acabei de descrever. Então, mostro para elas que estão testando ideias em um dos mais caros e lentos modos que conhecemos.

10. Finalmente, enquanto estamos ocupados neste processo e gastando nosso tempo e dinheiro, o maior desperdício de todos geralmente parece ser o *custo de oportunidade* do que a organização poderia e deveria estar fazendo. Não podemos ganhar esse tempo ou dinheiro de volta.

Não é nenhuma surpresa que tantas empresas gastam muito tempo e dinheiro e recebem muito pouco de retorno. Avisei a você que poderia ser deprimente. Mas é crucial que você tenha um profundo e exato entendimento do porquê sua empresa precisa mudar o modo como trabalha, se ela estiver trabalhando desta forma.

A boa notícia é que confesso a você que as melhores equipes não operam como acabei de descrever.

CAPÍTULO

7

Além de Lean e Agile

As pessoas estão sempre procurando por um santo remédio para criar produtos e existe sempre uma indústria disposta — pronta e esperando para servir com livros, coaching, treinamento e consultoria. Mas não existe varinha de condão e inevitavelmente as pessoas descobrem isso. É aí que a revolta começa. Enquanto escrevo isso, está na moda criticar tanto Lean quanto Agile.

Não tenho dúvida de que várias pessoas e equipes estão um pouco desapontadas com os resultados da sua adoção desses métodos. E entendo os motivos disso. Contudo, estou convencido de que os princípios e valores de Lean e Agile estão aqui para ficar. Não tanto as *manifestações* particulares destes métodos que várias equipes utilizam hoje, mas os princípios centrais por trás deles. Diria que ambos representam progresso significativo e nunca desejaria voltar atrás nessas duas frentes.

Mas, como disse, elas não são santos remédios também e, como qualquer ferramenta, é necessário inteligência para usá-las. Conheço inúmeras equipes que afirmam seguir os princípios Lean. Contudo, elas trabalham durante meses no que chamam de um Minimum Viable Product [MVP — produto mínimo viável] e realmente não sabem o que têm e se isso venderá até terem gasto dinheiro e tempo considerável — dificilmente no espírito de Lean. Ou elas passam dos limites e pensam que têm que testar e validar tudo, então elas não chegam a nenhum lugar rapidamente.

E, como acabei de falar, a forma de agilidade que é praticada na maioria das empresas de produtos dificilmente é Agile em qualquer consenso significativo.

As melhores equipes de produtos que conheço já avançaram além de como muitas equipes praticam estes métodos — alavancando os princípios centrais de Lean e Agile, mas elevando o nível no que elas estão tentando alcançar e em como elas trabalham.

Quando analiso estas equipes, pode ser que elas definam os problemas de forma um pouco diferente, às vezes utilizando nomenclatura diferente, mas, em essência, vejo três princípios abrangentes no trabalho:

1. **Riscos são abordados *com antecedência*, em vez de no final.** Em equipes modernas, nós abordamos estes riscos *antes* de decidir desenvolver qualquer coisa. Estes riscos incluem risco de *valor* (se os clientes o comprarão), risco de *usabilidade* (se os usuários conseguem compreender como usá-lo), risco de *viabilidade* (se nossos engenheiros conseguem desenvolver o que precisamos com o tempo, habilidades e tecnologia que temos) e risco de *viabilidade do negócio* (se esta solução também funciona para os vários aspectos do nosso negócio — vendas, marketing, finanças, jurídico, etc.).
2. **Produtos são definidos e projetados *colaborativamente*, em vez de sequencialmente.** Eles finalmente foram além do antigo modelo em que um gerente de produto define requisitos, um designer projeta uma solução que entrega nesses requisitos e então a engenharia implementa esses requisitos, com cada pessoa vivendo com restrições e decisões daqueles que precediam. Em fortes equipes, produtos, design e engenharia trabalham lado a lado, em um modo recíproco, para encontrar soluções movidas à tecnologia que nossos clientes adoram e que funcionam para o nosso negócio.

3. **Finalmente, a questão tem a ver com *resolução de problemas*, não implementação de funcionalidades.** Roadmaps de produtos convencionais tratam apenas a entrega de soluções. Fortes equipes sabem que não é só implementar uma solução. Eles devem garantir que a solução resolva o problema subjacente. É tudo uma questão de *resultados de negócio*.

Você verá que mantenho estes três princípios abrangentes de maior importância por todo este livro.

CAPÍTULO 8

Conceitos-Chave

Neste livro, menciono um conjunto de conceitos que formam a base do trabalho do produto moderno. Eu gostaria de explicá-los resumidamente aqui.

Produto Holístico

Eu já tinha usado o termo *produto* muito superficialmente. Sei que disse que estou falando somente sobre produtos movidos à tecnologia. Mas, geralmente, quando menciono um produto, quero dizer uma definição muito holística de produto.

Ela certamente inclui as *funcionalidades*.

Mas também inclui a *tecnologia* que possibilita esta funcionalidade.

Ela também inclui o *design de experiência do usuário* que apresenta esta funcionalidade.

E inclui como nós *monetizamos* esta funcionalidade.

Inclui como nós *atraímos* e *adquirimos usuários e clientes.*

E pode também incluir experiências *offline* que são essenciais para entregar o valor do produto.

Se, por exemplo, seu produto for um site de e-commerce, então ela incluiria a experiência de entrega da mercadoria e a experiência de devolução de mercadoria. Em geral, para negócios de e-commerce, o produto inclui tudo, *exceto* a real mercadoria a ser vendida.

Similarmente, para uma empresa de mídia, nos referimos ao produto como tudo exceto o conteúdo.

A questão é ter uma definição muito inclusiva e holística do *produto*. Você não está apenas preocupado com a implementação de funcionalidades.

Descoberta e Entrega Contínua

Expliquei previamente que a maioria das empresas ainda têm um processo que é cascata em sua essência e contei a você que o que nós fazemos em uma equipe moderna é muito diferente.

Analisaremos mais a fundo o processo de desenvolvimento de produto mais tarde, mas preciso apresentar um conceito de alto nível sobre o processo neste ponto em nossa discussão. Isto é, existem duas atividades de alto nível essenciais em todas as equipes de produtos. *Precisamos descobrir o produto a ser desenvolvido e entregá-lo para o mercado.*

Descoberta e entrega são nossas duas atividades principais em uma equipe de produtos multidisciplinar e o processo de ambas ocorre tipicamente em paralelo.

Existem várias formas de pensar sobre isso e de visualizar, mas o conceito é bastante simples: nós sempre estamos trabalhando em paralelo para *descobrir* qual produto é necessário desenvolver — o que é fundamentalmente no que o gerente de produto e o designer trabalham todos os dias —, enquanto os engenheiros trabalham para *entregar* o produto com qualidade em produção.

Precisamos descobrir o produto a ser desenvolvido e entregá-lo para o mercado.

Agora, como você verá em breve, é um pouco mais complexo do que isso. Por exemplo, os engenheiros também ajudam diariamente na descoberta (e várias das melhores inovações vêm dessa participação, então essa não é uma questão menos importante) e o gerente de produto e o designer também ajudam diariamente na entrega (principalmente para esclarecer um comportamento intencional). Mas isso é o que ocorre em um nível alto.

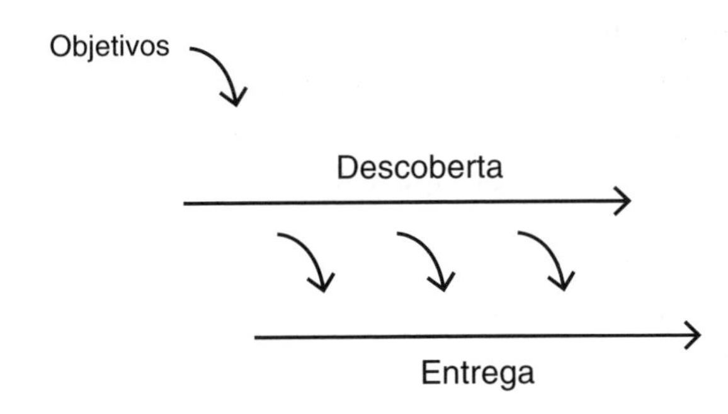

FIGURA 8.1 Descoberta e Entrega Contínuas

Descoberta de Produtos

A descoberta tem muito a ver com a colaboração intensa da gestão de produto, do design de experiência do usuário e da engenharia. Na descoberta, abordamos os vários riscos antes mesmo de escrevermos uma única linha do software em produção.

O propósito da descoberta de produtos é separar rapidamente as boas ideias das ruins. O propósito da descoberta de produtos é um *backlog do produto validado.*

Especificamente, isso significa obter respostas para quatro perguntas cruciais:

1. O usuário comprará isso (ou escolherá usar isso)?
2. O usuário consegue entender como se usa isso?
3. Nossos engenheiros conseguem desenvolver isso?
4. Nossos stakeholders dão suporte para isso?

Protótipos

A descoberta de produtos envolve executar uma série de experimentos rápidos e, para fazer estes experimentos rápida e economicamente, usamos *protótipos* em vez de produtos. Neste ponto, deixe-me apenar dizer que existem vários tipos de protótipos, cada um para situações e riscos diferentes, mas eles todos exigem *no mínimo* uma ordem de grandeza de menos tempo e esforço do que para desenvolver um produto.

Para estabelecer as suas expectativas, fortes equipes normalmente testam várias ideias de produtos a cada semana — na ordem de 10 a 20 ou mais por semana.

Para estabelecer as suas expectativas, fortes equipes normalmente testam várias ideias de produtos a cada semana — na ordem de 10 a 20 ou mais por semana.

Quero enfatizar que são experimentos, tipicamente executados usando protótipos. Um protótipo não é algo que está pronto para ser lançado e certamente nada que sua empresa tentaria vender e dar suporte. Mas são imensamente úteis, pois fornecem aprendizado rápido e barato.

Entrega de Produtos

O propósito de todos estes protótipos e experimentos na descoberta é rapidamente inventar algo que forneça alguma evidência de que vale a pena desenvolver o produto ou a funcionalidade e que nós possamos então entregar aos nossos clientes.

Isso significa que escalabilidade, performance, confiabilidade, tolerância a falhas, segurança, privacidade, internacionalização e localização necessários foram realizados e o produto funcionou como esperado.

O propósito da entrega de produtos é desenvolver e entregar estes *produtos* de tecnologia de qualidade em produção, algo que você possa vender e fazer um negócio funcionar.

Produtos e Encaixe Produto/Mercado

Só porque investimos tempo e esforços para criar um produto potente não significa que alguém desejará comprá-lo. Então, no mundo dos produtos, nós nos empenhamos para alcançar o *encaixe produto/mercado.*

Este é o menor *produto* real possível que atende às necessidades de um *mercado* específico de clientes. Marc Andreessen é creditado com a popularização deste conceito importantíssimo e este é um foco importante deste livro.

E, só para ser claro, como são produtos reais, eles são o resultado da *entrega.* As atividades de descoberta nos ajudam a determinar o produto necessário, mas é a entrega que de fato faz o trabalho necessário para desenvolver, testar e lançar o produto.

Visão de Produto

O conceito crucial final é a *visão de produto.* Ela se refere ao objetivo de longo prazo deste produto, normalmente de 2 a 10 anos. É como nós, como uma área de produtos, pretendemos entregar a missão da empresa.

Então, usamos *protótipos* para conduzir experimentos rápidos na descoberta de produtos e então, na entrega, desenvolvemos e lançamos *produtos* na esperança de alcançar o *encaixe produto/mercado*, que é um passo essencial no caminho para cumprir a *visão de produto* da empresa.

Agora, não se preocupe se você está confuso com alguns destes conceitos. Sei que você provavelmente tem várias perguntas, mas elas provavelmente ficarão claras à medida que mergulharmos mais fundo em cada tópico. Também é normal ser um pouco descrente — "Como poderia executar 15 destes experimentos em uma semana?"

Avisei a você que fortes equipes de produtos trabalham de um jeito diferente de muitas equipes, e isso deveria dar a você a sua primeira amostra de como as coisas podem ser diferentes.

Produto Mínimo Viável

O conceito de *produto mínimo viável* (MVP) é um dos mais importantes no mundo dos produtos. Ele existe há vários anos. O termo foi cunhado por Frank Robinson (em 2001) e eu escrevi sobre o conceito na primeira edição deste livro (em 2008). Todavia, foi popularizado no livro *A Startup Enxuta*, de Eric Ries, em 2011.

O livro de Eric fez um grande trabalho para ajudar equipes de produtos e, para mim, é um livro de leitura obrigatória para todas as pessoas de produtos. Mas acho que muitas provavelmente admitiriam que o conceito de MVP tem causado uma confusão considerável dentro das equipes de produto e passei muito tempo ajudando equipes a dar valor a este conceito crucial.

Na grande maioria das vezes, encontro uma equipe que vem trabalhando pesado para criar um MVP e consigo convencê-los de que eles poderiam ter alcançado o mesmo aprendizado em uma fração de tempo e esforço. Eles gastaram literalmente meses desenvolvendo um MVP quando teriam tido este mesmo aprendizado em dias ou às vezes mesmo em horas.

A outra infeliz consequência é que muito frequentemente o resto da empresa — especialmente a liderança principal em vendas e marketing — está confusa e constrangida pelo que a equipe de produtos está tentando fazer os clientes comprarem e utilizarem.

Embora isso seja parcialmente um resultado de como a maioria das pessoas aprenderam este conceito, acho que a raiz do problema é que, enquanto o P em MVP representa o *produto*, um MVP *nunca* deveria ser um produto real (sendo que produto é definido como algo que seus desenvolvedores possam lançar com confiança, com o qual seus clientes possam manter seu negócio e que você possa vender e dar suporte).

O MVP deveria ser um *protótipo*, não um produto.

Desenvolver um produto de qualidade final para aprender, mesmo se esse produto tiver funcionalidade mínima, leva a um considerável desperdício de tempo e dinheiro que, é claro, é a antítese de Lean.

Acho que usar o termo mais geral *protótipo* faz com que este ponto crucial fique claro para a equipe de produtos, para a empresa e para os clientes em potencial.

Então, neste livro, falo sobre diferentes tipos de *protótipos* sendo usados na descoberta e *produtos* sendo produzidos na entrega.

PARTE

As Pessoas Certas

Todo produto começa com as pessoas na equipe multidisciplinar de produto. A maneira como você define as funções e as pessoas que você seleciona para integrar a equipe muito provavelmente se revelará um fator determinante no seu sucesso ou fracasso.

Esta é uma área em que muitas empresas não são satisfatórias, presas a antigos modelos do passado. Para muitas organizações, as funções e responsabilidades discutidas aqui representam diferenças significativas do que elas estão acostumadas.

Na Parte Dois, descrevo as principais funções e responsabilidades de modernas equipes de produtos movidos à tecnologia.

Equipes de Produtos

Visão Geral

Este é provavelmente o conceito mais importante neste livro inteiro:

Tudo gira em torno da equipe de produtos.

Você me ouvirá dizer isto de muitas maneiras diferentes ao longo dos capítulos a seguir, mas muito do que nós fazemos em uma forte empresa de produto é otimizar a eficácia das equipes de produtos.

CAPÍTULO

9

Princípios de Fortes Equipes de Produtos

Nos capítulos anteriores, exploro cada um dos papéis-chave em uma equipe, mas, neste capítulo, explico os princípios de uma forte equipe de produtos.

Equipes de produtos às vezes são mencionadas como uma *equipe de produtos dedicada* ou como uma *equipe de produtos estável*, para enfatizar que estas não são criadas apenas para trabalhar em um único projeto ou recurso ou, às vezes, como um *squad* — derivado da analogia militar e feito para enfatizar que são equipes multidisciplinares.

Uma equipe de produtos é um grupo de pessoas que reúnem diferentes responsabilidades, habilidades especializadas e têm real senso de propriedade por um produto ou, no mínimo, uma parte considerável de um produto maior.

Existem várias formas de organizar equipes de produtos (discutiremos isso mais tarde, no tópico Pessoas em Escala). Mas, em boas empresas de produtos, é possível perceber que, apesar das diferenças devido a suas circunstâncias e produtos únicos, existem várias semelhanças muito importantes.

Equipe de Missionários

Existem vários benefícios de equipes de produtos, mas o grande objetivo é melhor capturado por uma citação de John Doerr, o famoso investidor de risco do Vale do Silício: "Nós precisamos de equipes de missionários, não de equipes de mercenários."

Mercenários constroem tudo o que lhes pedem. *Missionários* acreditam verdadeiramente na visão e são comprometidos em resolver problemas de seus clientes. Em uma equipe de produtos dedicada, a equipe age e se parece muito com uma startup dentro da empresa maior e essa é muito da intenção.

Nós precisamos de equipes de missionários, não de equipes de mercenários.

Composição da Equipe

Um típico time de produtos é composto por um gerente de produto, um designer de produto e algo entre 2 até 10 ou 12 engenheiros.

É claro que, se o produto em que você estiver trabalhando não tiver uma experiência voltada ao usuário — como em relação a um conjunto de APIs programáticas —, você provavelmente não precisará do designer de produto. Mas vários times de produto precisam desta pessoa a bordo e, ao longo deste livro, geralmente assumirei que o seu time também precisa.

Pode até ser que as equipes precisem de outros membros, como um gerente de marketing de produtos, um ou mais engenheiros de automação de teste, um pesquisador de usuário, um analista de dados e, em organizações de produtos maiores, um gerente de entrega.

Não se preocupe se você ainda não sabe o que alguns destes papéis são — nós em breve exploraremos cada um deles.

Empoderamento e Responsabilidade da Equipe

Uma grande parte do conceito de equipes de produtos é que elas estão lá para resolver problemas difíceis para o negócio. A elas são dados objetivos claros e elas precisam entregar resultados.

Elas são empoderadas para encontrar a melhor forma de atender esses objetivos e são responsáveis pelos resultados.

Tamanho da Equipe

Não há regra que diz que todos as equipes de produto em uma empresa precisam ser do mesmo tamanho. É verdade que há a noção de massa crítica para uma equipe de produtos — geralmente um gerente de produto, um designer e dois engenheiros. Todavia, algumas equipes poderiam justificar cinco engenheiros, além de dois engenheiros de automação de testes — outros até mais.

Existe um limite superior prático em uma equipe que geralmente acontece em torno de 8 a 12 engenheiros. Você provavelmente já ouviu falar da *regra das duas pizzas*, que se presta a ajudar a manter equipes neste limite.

Mais importante do que o tamanho absoluto da equipe é o equilíbrio de habilidades necessárias para garantir que nós desenvolvamos as coisas corretamente e da melhor forma.

Estrutura Hierárquica do Time

Note que eu ainda não disse nada sobre quem trabalha para quem.

Uma equipe de produtos não possui relações hierárquicas — ela tem uma estrutura organizacional horizontal intencionalmente. Geralmente, todos em uma equipe de produtos são colaboradores individuais e não existem gerentes de pessoas.

As pessoas na equipe tipicamente continuam a reportar para seu gerente funcional. Por exemplo, os engenheiros reportam para um gerente de engenharia. Igualmente, o designer geralmente reporta para um head de design e o gerente de produto reporta para um head de produto. Então, não é uma relação hierárquica.

Para ser absolutamente claro, o gerente de produto não é o chefe de *ninguém* na equipe de produtos.

Colaboração da Equipe

Uma equipe de produtos é um conjunto de pessoas altamente qualificadas que se reúnem por um período prolongado para resolver difíceis problemas de negócios.

A natureza do relacionamento tem mais a ver com uma verdadeira colaboração. Eu não quero dizer colaboração como um clichê. Eu literalmente quero dizer o produto, design e engenharia elaborando soluções juntos. Falaremos muito mais sobre isso, mas, agora, é importante que você entenda que não é uma hierarquia.

Localização da Equipe

Eu não tinha dito nada ainda sobre onde os membros da equipe são fisicamente alocados. Embora não seja sempre possível, nós tentamos arduamente *alocar essa equipe fisicamente* junta.

Alocar fisicamente junto significa que os membros da equipe literalmente sentam próximos uns dos outros. Isso não significa no mesmo prédio nem no mesmo andar. Significa perto o suficiente para facilmente ver as telas dos computadores uns dos outros.

Sei que isso soa um pouco tradicional e que as ferramentas para colaboração remota estão melhorando o tempo todo, mas as melhores empresas aprenderam o valor de se sentar junto como uma equipe.

Se já foi um membro de uma equipe de produtos alocada fisicamente junta, provavelmente já sabe o que quero dizer. Mas, como você verá na maneira como nós fazemos o nosso trabalho em uma equipe de produtos, há uma dinâmica especial que ocorre quando a equipe senta junto, almoça junto e desenvolve relações pessoais um com o outro.

Estou ciente de que este pode ser um tópico um pouco sentimental. Por razões pessoais, algumas pessoas moram em um lugar diferente daquele em que trabalham e sua subsistência depende de trabalhar remotamente com eficácia.

Não quero ditar isso como certo ou errado, mas também não quero enganar você. Com todas as outras coisas sendo iguais, uma equipe realocada superará essencialmente uma equipe dispersa. É assim que as coisas são.

Essa também é uma das razões por que nós geralmente preferimos que membros de uma equipe de produtos sejam funcionários, e não terceirizados ou agências. É muito mais fácil estar sentado junto e ser um membro estável da equipe se a pessoa é uma funcionária.

Note que não existe nada de errado em uma empresa ter múltiplas localizações, contanto que tentemos arduamente ter times alocados fisicamente juntos em cada local.

Falaremos depois sobre o que fazemos quando nem todos os membros são capazes de se sentarem juntos.

Escopo da Equipe

Uma vez que você entendeu o básico de uma equipe de produtos, a próxima grande pergunta é esta: Qual é o escopo ou combinado de cada equipe? Isto é, pelo que cada equipe é responsável?

Uma dimensão disso é o *tipo de trabalho* a ser feito e é importante que uma equipe de produtos tenha responsabilidade por todo o trabalho — todos os projetos, funcionalidades, correções de bug, trabalho de performance, otimizações e alterações de conteúdo. Tudo e qualquer coisa do seu produto.

A outra dimensão é o *escopo de trabalho* a ser feito. Em alguns tipos de empresas, a equipe de produtos é responsável por um produto completo. Mas é muito mais comum hoje que o produto seja a experiência total do cliente (imagine um Facebook ou um PayPal) e cada equipe é responsável por uma parte menor, porém significativa, dessa experiência.

Por exemplo, você poderia trabalhar em uma equipe da eBay que é responsável pela tecnologia para detectar e prevenir fraudes ou ferramentas e serviços para vendedores de alto volume. Ou, no Facebook, sua equipe poderia ser responsável pelos feeds de notícias, um app nativo do iOS ou capacidades necessárias para um mercado vertical específico.

Este é um tópico fácil para uma startup pequena, uma vez que há tipicamente um número pequeno de equipes ou apenas uma, o que torna relativamente fácil a divisão de tarefas.

Mas, conforme uma empresa cresce, o número de equipes expande para umas 20, 50 ou mais em grandes empresas de produto. A coordenação fica mais difícil (veremos muito mais sobre isso quando chegarmos à seção Produto em Escala), mas o conceito é altamente escalável e, na verdade, é uma das chaves para escalabilidade.

Existem muitas formas úteis de fatiar a torta. Às vezes, cada equipe foca um tipo diferente de usuário ou cliente. Outras vezes, cada equipe é responsável por um tipo diferente de dispositivo. E em outras, ainda, nós separamos os assuntos por fluxo de trabalho ou jornada do cliente.

Às vezes, na verdade muito frequentemente, definimos as equipes com base na arquitetura. Isso é muito comum porque a arquitetura direciona as ferramentas de tecnologia, o que com frequência exige tipos diferentes de conhecimentos em engenharia.

De qualquer maneira, o que é criticamente importante é o alinhamento entre gestão de produtos e engenharia. É por isso que o head de produtos e o head de engenharia normalmente se reúnem para definir o tamanho e escopo das equipes.

Contarei para você que nunca existe uma forma perfeita de repartir a torta. Perceba que, quando você otimiza uma coisa, deixa alguma outra de lado. Então, decida o que é mais importante para você e siga com isso.

Estabilidade da Equipe

Já mencionei algumas vezes que estas equipes precisam ser estáveis, mas não disse se isso significa por alguns meses ou vários anos.

O ponto principal é que nós tentamos arduamente manter equipes unidas e igualmente estáveis.

Embora as coisas surjam e as pessoas troquem de empregos e equipes, uma vez que os membros de uma equipe se familiarizam um com o outro e aprendem como trabalhar bem juntos, honestamente é uma coisa bonita e poderosa e nós tentamos arduamente não bagunçar essa dinâmica.

Outra razão para que a durabilidade seja importante é que ela pode levar algum tempo para conquistar o conhecimento suficiente para inovar em uma área. Caso as pessoas estejam se deslocando de equipe para equipe o tempo todo, é difícil para elas conseguirem esse conhecimento e ter o necessário senso de propriedade sobre o seu produto e paixão semelhante à de um missionário.

E, para ser claro, uma equipe de produtos não é algo que criamos apenas para entregar um *projeto* específico. É quase impossível ter uma equipe de missionários quando eles estão reunidos para um projeto que dura somente alguns meses e depois se desmembra.

Autonomia da Equipe

> *Que sejam capazes de tentar resolver os problemas aos quais são designadas da forma que julgarem mais conveniente.*

Se quisermos que as equipes se sintam empoderadas e tenham uma paixão semelhante à de um missionário para resolver os problemas dos clientes, precisamos dar a elas um significante grau de autonomia. Obviamente, isso não significa que elas podem trabalhar em qualquer coisa que pareça divertida, mas que sejam capazes de tentar resolver os problemas aos quais são designadas da forma que julgarem mais conveniente.

Isso também significa que nós tentamos minimizar dependências entre equipes. Perceba que eu disse "minimizar" e não "eliminar". Em escala, simplesmente não é possível eliminar todas as dependências, mas podemos trabalhar arduamente para continuamente minimizá-las.

Por que Isso Funciona

Empresas de produto mudaram para este modelo vários anos atrás e ele agora é um dos pilares das fortes e modernas empresas de produtos. Existem várias razões por que este modelo tem sido tão eficaz.

Primeiro, a colaboração é construída nos relacionamentos e equipes de produtos — especialmente equipes alocadas fisicamente juntas — são projetadas para estimular estes relacionamentos.

Segundo, para inovar, é necessário expertise, e a natureza estável das equipes de produtos deixa as pessoas se aprofundarem o suficiente para conquistar esse conhecimento.

Terceiro, em vez de apenas desenvolver o que os outros determinam que poderia ser valioso, no modelo da equipe de produtos, a equipe toda entende — e precisa entender — o contexto e os objetivos do negócio. E, o mais importante, a equipe toda tem o senso de propriedade e responsabilidade pelo *resultado.*

Ao invés do antigo modelo orientado a projeto, que é uma questão de obter algo forçado pelo processo e finalizado, no modelo de equipe dedicada a equipe não está livre só porque algo é lançado. Elas não descansam até e a não ser que ele esteja funcionando para os usuários e para o negócio.

Com sorte, você já é um membro de uma forte equipe de produtos dedicada e agora você apenas tem uma melhor apreciação para a intenção deste modelo.

Por outro lado, se sua empresa ainda não está montada em torno de equipes de produtos dedicadas, essa é provavelmente a coisa mais importante para você arrumar. E todo o resto depende disso.

Você não tem que mover a organização inteira imediatamente — você pode começar uma equipe como um piloto. Mas, de uma forma ou de outra, é essencial que você crie ou se junte a uma equipe de produtos estável.

Princípios e Técnicas

Quero ser claro referente à razão por que você verá tantos princípios citados neste livro.

Quando treino gerentes de produto, sempre tento o meu melhor para explicar os princípios subjacentes de *por que* precisamos trabalhar da forma que trabalhamos.

Acho que, quando uma pessoa alcança o ponto em que elas têm um entendimento verdadeiro dos princípios, elas desenvolvem um bom modelo mental para quando cada técnica for útil e apropriada e quando não for. Mais adiante, quando novas técnicas emergem, elas são capazes de avaliar rapidamente o valor potencial da técnica e quando e onde ela poderá ser melhor utilizada.

Descobri ao longo dos anos que, enquanto as técnicas mudam muito constantemente, os princípios subjacentes resistem. Então, por mais que seja tentador pular diretamente para as técnicas, espero que você primeiro considere os princípios e trabalhe para desenvolver um entendimento mais profundo de como desenvolver grandes produtos.

CAPÍTULO

10

O Gerente de Produto

Este livro é sobre se tornar um excelente gerente de produto e, neste capítulo, quero ser muito explícito sobre o que isso realmente significa.

Mas, primeiro, é hora de uma dosezinha de disciplina com carinho.

Existem essencialmente três formas para um gerente de produto trabalhar, e afirmo que somente uma delas leva ao sucesso:

1. **O gerente de produto pode escalar todo problema e decisão até o CEO.** Neste modelo, o gerente de produto é, na verdade, um *administrador de backlog*. Muitos dos CEOs me contam que este é o modelo em que eles se encontram e este não é escalável. Se você acha que o emprego de gerente de produto é o que está descrito em uma aula de *Certificação Scrum Product Owner*, você quase que certamente está nesta categoria.
2. **O gerente de produto pode exigir uma reunião com todos os stakeholders em uma sala e depois deixa-os resolver.** Este é o design por comitê e ele raramente rende qualquer coisa além da mediocridade. Neste modelo, muito comum em grandes empresas, o gerente de produto é, na verdade, um *administrador de roadmaps*.
3. **O gerente de produto pode fazer o seu trabalho.**

Minha intenção neste livro é convencer você desta terceira forma de trabalhar. Eu levarei o livro inteiro para descrever como um forte gerente de produto faz seu trabalho, mas deixe-me apenas dizer por ora que este é um trabalho exigente e que impõe um forte conjunto de habilidades e fortalezas.

A verdade é que o gerente de produto precisa estar entre os maiores talentos na empresa.

A razão para anunciar isso tão francamente é que, em várias empresas, especialmente as empresas consolidadas mais antigas, a função do gerente de produto tem uma má reputação. O que muito frequentemente acontece é que a empresa pega pessoas de outras funções organizacionais — normalmente da gestão de projetos ou às vezes analistas de negócios — e diz: "Estamos mudando para Agile e não precisamos mais de gerentes de projetos ou analistas de negócios, então precisamos que você seja um gerente de produto."

A verdade é que o gerente de produto precisa estar entre os maiores talentos na empresa. Se o gerente de produto não tiver o conhecimento de tecnologia, habilidade com negócios, credibilidade com os executivos-chave, profundo conhecimento dos clientes, paixão pelo produto e nem o respeito da sua equipe de produtos, então é uma receita infalível para o fracasso.

Existem muitas formas de descrever esta função específica. Algumas pessoas preferem focar do que é feito um grande gerente de produto. Outras tendem a focar as atividades diárias do gerente de produto e o que ele faz com seu tempo.

Nós cobriremos tudo isso, mas para mim o mais importante é falar que gerentes de produto são responsáveis por contribuir para o seu time. Isso não é tão óbvio para o gerente de produto. Não é tão incomum que as pessoas questionem se elas ainda precisam de um gerente de produto. Se elas não projetam e não codificam, para que se preocupar com isso?

Este é um sinal claro de uma empresa que não teve experiência com uma forte gestão de produto.

Responsabilidades-Chave

Em determinado nível, as responsabilidades do gerente de produto são muito diretas. Ele ou ela é responsável por avaliar oportunidades e determinar o que é desenvolvido e entregue para os clientes. Nós geralmente descrevemos o que precisamos que seja desenvolvido no *backlog* do produto.

Quando o produto tem sucesso, é porque todos no time fizeram o que precisavam fazer. Mas, quando o produto fracassa, a culpa é do gerente de produto.

Parece bastante simples. E o mecanismo não é a parte difícil. O que é difícil é ter certeza de que vale a pena desenvolver o que está descrito no backlog do produto. E, hoje, nos melhores times, os engenheiros e designers querem ver alguma *evidência* de que verdadeiramente vale a pena desenvolver o que você está pedindo para desenvolver.

Todo negócio depende dos clientes. E o que os clientes compram — ou escolhem usar — é o seu produto. O produto é o resultado do que o time de produto desenvolve e o gerente de produto é responsável pelo que o time de produto desenvolverá.

Então, este é o motivo pelo qual o gerente de produto é a pessoa que nós consideramos encarregada e responsável pelo sucesso do produto.

Quando o produto tem sucesso, é porque todos no time fizeram o que precisavam fazer. Mas, quando o produto fracassa, a culpa é do gerente de produto.

É possível começar a ver por que esta função é o campo de provas para futuros CEOs e por que os melhores VCs somente querem investir em uma empresa na qual uma destas pessoas de produto é um dos cofundadores.

Então, este capítulo é realmente sobre o que você precisa fazer para ter sucesso neste emprego. Nesse sentido, existem quatro responsabilidades principais de um forte gerente de produto, quatro coisas que o resto do seu time espera que você traga para o grupo:

Profundo Conhecimento do Cliente

Acima de tudo, fica o profundo conhecimento dos usuários e clientes reais. Para deixar isso explícito, você precisa se tornar um especialista no conhecimento sobre os clientes: seus problemas, dores, desejos, como eles pensam — e, para produtos para empresas, como eles trabalham e como eles decidem comprar.

Isso é o que informa tantas das decisões que devem ser tomadas todos os dias. Sem este profundo conhecimento do cliente, você só estará supondo. Isso exige tanto aprendizado qualitativo (para entender o *porquê* de nossos usuários e clientes se comportarem como se comportam) quanto aprendizado quantitativo (para entender o que eles estão fazendo), sobre o que falaremos em seguida.

Deveria ser desnecessário dizer, pois isso é o mínimo para um gerente de produto, mas, apenas para ser claro, o gerente de produto também deve ser um especialista incontestável sobre o seu produto.

Profundo Conhecimento dos Dados

Hoje, gerentes de produto devem estar confortáveis com dados e ferramentas de analytics. Eles devem ter habilidades tanto quantitativas quanto qualitativas. A internet possibilita uma prontidão de dados e um volume sem precedente.

Uma grande parte de conhecer seu cliente é entender o que eles fazem com o seu produto. Muitos gerentes de produto começam seu dia com meia hora ou mais nas ferramentas analíticas, entendendo o que vem acontecendo nas últimas 24 horas. Eles analisam vendas e uso. Eles verificam os resultados dos testes A/B.

É possível ter um analista de dados para ajudá-lo, mas a análise dos dados e a compreensão que você ganha do seu cliente não são algo que você possa delegar.

Profundo Conhecimento de Seu Negócio

Produtos bem-sucedidos não são somente adorados pelos seus clientes, mas funcionam para o seu negócio.

Produtos bem-sucedidos não são somente adorados pelos seus clientes, mas funcionam para o seu negócio.

A terceira contribuição crucial — e a que é frequentemente considerada a mais difícil por vários gerentes de produto — é um profundo entendimento de *seu* negócio e como ele funciona, e o papel do seu produto no seu negócio. Isso é mais difícil do que parece.

Isto significa conhecer quem são seus vários stakeholders e especialmente aprender as restrições sob as quais eles trabalham. Geralmente, há stakeholders-chave representando a gestão geral, vendas, marketing, finanças, jurídico, desenvolvimento de negócios e atendimento ao cliente. O seu CEO é geralmente um stakeholder muito importante também.

Ter sucesso no trabalho de produto significa convencer cada stakeholder de que você entende suas restrições e que você está empenhado para entregar apenas soluções que você acredita estarem de acordo com estas restrições.

Profundo Conhecimento de Seu Mercado e Indústria

A quarta contribuição crucial é um profundo conhecimento do mercado e indústria na qual você está competindo. Isso inclui não só seus concorrentes, mas também tendências-chave em tecnologia, expectativas e comportamentos dos clientes, seguindo relevantes análises de indústrias e entendendo o papel da mídia social para seu mercado e clientes.

A maioria dos mercados tem mais concorrentes hoje em dia do que jamais tiveram. Além disso, as empresas entendem o valor de fabricar produtos que geram muito engajamento e isso significa que pode ser difícil que possíveis clientes mudem do seu concorrente para você. Esta é uma das grandes razões por que não é suficiente ter paridade de funcionalidades com um concorrente. Preferivelmente, você precisa ser *substancialmente melhor* para motivar um usuário ou cliente a trocar de produto.

Outra razão para ter um profundo entendimento do cenário competitivo é que seus produtos precisarão se adaptar a um ecossistema mais geral de outros produtos e idealmente seu produto não é somente compatível com esse ecossistema, mas adiciona valor significativo a ele.

Além disso, sua indústria está constantemente avançando e nós devemos criar produtos para onde o mercado estará amanhã, não onde estava ontem.

Como um exemplo, enquanto escrevo este livro, existe uma grande tendência de produtos altamente tecnológicos varrendo nosso setor, baseada em aprendizado de máquinas e outras formas de inteligência artificial. Eu me sinto confortável prevendo que essa será uma grande tendência de tecnologia durante, no mínimo, a próxima década, e é por isso que você tem que amar produtos movidos à tecnologia. O que é possível está constantemente mudando. Se você não estiver animado para aprender essas novas tecnologias e investigar com os seus engenheiros e designers como você pode usar estas tendências para entregar experiências e produtos dramaticamente melhores para seus clientes, então você realmente precisa considerar se esta carreira é para você.

Para resumir, estas são as quatro contribuições cruciais que você precisa trazer para sua equipe: profundo conhecimento (1) dos clientes, (2) dos dados, (3) do seu negócio e stakeholders e (4) do seu mercado e setor.

Se você for um designer ou engenheiro e tiver sido solicitado a assumir a função do gerente de produto também, então isso é o que você precisa para começar. Eu avisei a você — é uma tonelada de trabalho.

Uma observação adicional: em algumas empresas, existe tanto em termos de conhecimento de setor e de domínio que o gerente de produto pode ser suplementado com o que são chamados de *experts em domínio* ou *experts no assunto.* Exemplos de experts em domínio podem ser encontrados em empresas que desenvolvem software para questões tributárias ou criam aparelhos médicos. Nestes casos, não se pode esperar que os gerentes de produto tenham o nível necessário de profundidade de domínio, juntamente com todas as outras coisas. Mas estes casos são igualmente raros. O caso normal é que o gerente de produto realmente precisa ter (ou consiga aprender) a expertise necessária em domínio.

Normalmente, demora cerca de 2 ou 3 meses de trabalho dedicado para um novo gerente de produto pegar o jeito. Isso presumindo que você tenha um gerente que pode dar a você a ajuda e acesso de que você precisa para conseguir essa expertise, incluindo muitos acessos a clientes, a dados (e, quando necessário, treinamento nas ferramentas para acessar esses dados), aos stakeholders-chave e tempo para tomar conhecimento de seu produto e setor por dentro e por fora.

Inteligência, Criatividade e Persistência

Agora que nós vimos o que o gerente de produto precisa para contribuir para o time, vamos considerar o tipo de pessoa que prospera neste ambiente.

O gerente de produto bem-sucedido deve ser a melhor das versões de inteligência, criatividade e persistência.

O gerente de produto bem-sucedido deve ser a melhor das versões de *inteligência, criatividade e persistência.*

Com inteligência não quero dizer apenas do QI puro. Quero especialmente dizer ser intelectualmente curioso, aprender rapidamente e aplicar novas tecnologias para resolver problemas para os clientes, para alcançar novos públicos ou para possibilitar novos modelos de negócios.

Com criatividade quero dizer pensar fora da caixa de funcionalidades normais do produto para resolver problemas de negócio.

Com persistência quero dizer empurrar as empresas para fora de sua zona de conforto com evidência persuasiva, comunicação constante e construção de pontes entre as funções ao enfrentar resistência obstinada.

A paixão por produtos e por resolver problemas de clientes não é algo que acho que se consiga ensinar. Isso é algo que você tem ou não tem e está entre as primeiras coisas que questiono quando avalio potenciais gerentes de produto. Suponho que *você* tenha isso.

Talvez este seja um bom momento para ser muito honesto com você sobre as demandas desta função.

O cargo de gerente de produto não é emprego de 9h às 17h. Não estou dizendo que você precisa estar no escritório 15 horas por dia, mas que existe uma tonelada de trabalho e ele segue você até em casa toda noite. Praticamente qualquer outra função em uma equipe de produtos é melhor se você estiver procurando um bom equilíbrio entre trabalho e vida pessoal. Bem, sei que pode não ser politicamente correto dizer isso, mas acho que não estou fazendo nenhum favor a você ao lhe enganar. É extremamente difícil aguentar o nível de tempo e esforço exigido pela função de gerente de produto se você não estiver intimamente apaixonado pelos produtos e por sua função.

Talvez o mais importante que posso dizer para ajudar você a ter sucesso é que você simplesmente deve levar a sério o seu preparo para esta função.

- Comece se tornando um expert em seus usuários e clientes. Compartilhe muito abertamente o que você aprende, tanto as coisas boas quanto as coisas ruins. Torne-se a pessoa a quem o time e a empresa procuram para entender qualquer coisa sobre o seu cliente — quantitativa e qualitativamente.
- Trabalhe para estabelecer um forte relacionamento com os seus stakeholders-chave e parceiros de negócio. Convença-os de duas coisas: (1) você entende as restrições sob as quais eles trabalham; e (2) você somente trará para eles soluções que acredita que funcionarão nessas restrições.
- Torne-se um expert incontestável no seu produto e na sua indústria. Novamente, compartilhe seu conhecimento aberta e generosamente.
- Finalmente, trabalhe muito arduamente para construir e cultivar a forte relação colaborativa com a sua equipe de produtos.

Não estou dizendo que fazer tudo isso é fácil. Não é. Mas acredite em mim quando digo para você que é o esforço mínimo para ser um gerente de produto bem-sucedido.

Perfis de Gerente de Produto

Além de dar a você a teoria e as técnicas neste livro, enfatizo a necessidade de lhe apresentar para pessoas reais — gerentes de produto que fizeram o seu trabalho e o fizeram muito bem. Estes indivíduos incluem:

- Jane Manning, do Google;
- Lea Hickman, da Adobe;
- Alex Pressland, da BBC;
- Martina Lauchengco, da Microsoft;
- Kate Arnold, da Netflix;
- Camille Hearst, da Apple.

Quem já trabalhou com produto por qualquer quantidade de tempo sabe que criá-los nunca é fácil. Selecionei estes indivíduos específicos para ilustrar a grande dificuldade mas essencial contribuição que vem de um forte gerente de produto.

Os produtos que destaco são todos icônicos e você imediatamente irá reconhecê-los. Mas poucas pessoas conhecem os gerentes de produto por trás deles e muito menos suas histórias.

Cada um dos gerentes de produto que selecionei enfatizou para mim o quão surpreendente seu time de produtos era e como de maneira nenhuma o sucesso deveu-se exclusivamente a seus esforços. Mas, com sorte, estes exemplos ajudarão a esclarecer para você a verdadeira e essencial contribuição do gerente de produto.

Os grandes pontos que espero levar destes exemplos são:

1. **Gerente de produto é absolutamente distinto das outras disciplinas.** É claramente diferente da contribuição dos designers e também claramente não é um gerente de projetos. Existe um pouco da gestão de projetos inevitavelmente envolvido, assim como para todos os cargos de liderança. Mas caracterizá-la como um gerente

de projetos é perder completamente a essência da função. A função que eu argumentaria que é muito similar a ele é o papel do CEO. Mas com a diferença óbvia que, ao contrário do CEO, o gerente de produto não é o chefe de ninguém.

2. **Como um CEO, o gerente de produto deve entender profundamente todos os aspectos do negócio.** O gerente de produto deve garantir um resultado de negócio, não apenas garantir que um produto seja definido. Isso exige um bom entendimento das várias partes inter-relacionadas e restrições do negócio — finanças, marketing, vendas, jurídico, parceria, serviço, o ambiente do cliente, as capacidades técnicas, a experiência do usuário — e descobrir uma solução que funcione tanto para os clientes quanto para o negócio. Mas não pense que isso significa que um MBA é exigido — nenhum dos gerentes de produto que apresento neste livro tem um MBA — ou que você precisa ter todas estas habilidades por si mesmo. Você deve simplesmente ter um entendimento abrangente de como um produto pode afetar um negócio e trabalhar com as pessoas do seu time e na sua empresa para cobrir tudo o que for importante.

3. **Em cada um destes exemplos, as soluções de sucesso não vieram dos usuários, clientes ou vendas.** Grandes produtos exigem uma intensa colaboração com o design e a engenharia para resolver problemas reais para seus usuários e clientes, de maneiras que atendam às necessidades do seu negócio. Em cada um destes exemplos, os usuários não tinham ideia de que a solução pela qual se apaixonaram era possível.

4. **Liderança verdadeira é uma grande parte do que separa as grandes pessoas de produto das meramente boas.** Então, não importa qual o seu grau ou nível, se você aspirar ser grande, não tenha medo de liderar.

Não importa qual o seu grau ou nível, se você aspirar ser grande, não tenha medo de liderar.

Gerente de Produto versus Product Owner

Você provavelmente encontrou o termo *product owner* e deve querer saber o que isso tem a ver com o trabalho do gerente de produto.

Primeiro, product owner é o nome do *papel* em um time Agile para a pessoa responsável pelo backlog do produto. Tenha em mente que Agile é utilizado em todos os tipos de empresas, não apenas empresas de produto.

Em empresas de produto, é crucial que o gerente de produto também seja o product owner.

Em empresas de produtos, é crucial que o gerente de produto também seja o product owner. Se dividir estas funções entre duas pessoas, alguns problemas muito comuns e previsíveis resultam — muito comumente, a perda da habilidade do seu time para inovar e consistentemente criar um novo valor para o seu negócio e seus clientes. Além do mais, as responsabilidades adicionais do gerente de produto são o que possibilitam boas decisões do product owner em uma empresa de produto.

Segundo, embora eu sempre incentive gerentes de produto a aprender o processo de desenvolvimento que seu time estiver utilizando, fazer aulas ou conseguir certificação na função de product owner cobre uma parte muito pequena das responsabilidades de um gerente de produto.

Para resumir, as responsabilidades do product owner são um pequeno subconjunto das responsabilidades da gestão de produtos, mas é crucial que o gerente de produto cubra ambas.

Os Dois Cursos Cruciais para Gerentes de Produto

Gerentes de produto vêm para o papel de qualquer e todas as disciplinas. Certamente, vários vêm da Ciência da Computação, enquanto outros podem vir de Administração ou Economia. Mas você encontrará grandes gerentes de produto que vêm de Política, Filosofia, Artes, Literatura, História — e todo o resto.

Se você quiser ser um engenheiro ou um designer, é possível cursar uma educação acadêmica que vai lhe preparar para uma carreira nessas áreas. Esse não é o caso da gestão de produtos tecnológicos. Isso porque o que é mais essencial para este trabalho são as qualidades de inteligência, criatividade e persistências que eu discuti.

(continua)

(continuação)

Dito isso, acredito que existam dois cursos acadêmicos que todo gerente de produto devem ter:

1. **Introdução à Programação de Computadores**

   Se você nunca tiver feito um curso em uma linguagem de programação, então esta é a sua primeira aula necessária. Não importa qual linguagem, menos HTML. Você pode tentar fazer isso online, mas digo a você que várias pessoas têm dificuldade com o aprendizado da sua primeira linguagem de programação. Assim, um curso real, no qual você seja responsável por entregar exercícios de programação toda semana, é o necessário.

   Você pode adorar ou odiar, mas, de qualquer forma, isso fundamentalmente expandirá os seus horizontes de tecnologia e permitirá que você tenha discussões muito mais ricas com seus engenheiros e designers. Isso também dará a você uma apreciação melhor do poder de possibilidades da tecnologia.

2. **Introdução à Contabilidade/Finanças Corporativas**

   Assim como você precisa conhecer a linguagem de computação, você também precisa conhecer a linguagem de negócios. Se nunca tiver feito, precisa fazer um curso básico de finanças corporativas.

   Você precisará entender como empresas privadas trabalham e os principais indicadores-chave de desempenho (KPIs) que são importantes para o seu negócio — incluindo, mas não se limitando, ao valor de vida do cliente, à receita média por usuário/cliente, ao custo de aquisição do cliente, ao custo de vendas e às margens de contribuição, entre outros.

   Um bom curso de marketing geral frequentemente cobrirá estes tópicos também. A chave é se certificar de ter um entendimento geral de como os negócios funcionam.

   Você pode facilmente fazer isso em uma faculdade comunitária ou por meio de autoestudo, especialmente se pedir que alguém na sua área de finanças te guie um pouco. Essa é uma coisa boa para se fazer em qualquer caso.

CAPÍTULO

11

O Designer de Produto

Neste capítulo, descrevo a função do designer de produto. Mas não estou tentando falar com designers — estou visando gerentes de produto que precisam aprender como trabalhar eficazmente com designers.

É surpreendente para mim como várias empresas que encontro simplesmente não entendem por que ter fortes e talentosos designers é tão importante. Elas entendem a necessidade de engenheiros, mas frequentemente desperdiçarão tempo e dinheiro significativos porque não entendem a necessidade de um design.

O designer de produto moderno é responsável pelo seguinte:

Descoberta de Produto

No antigo modelo, designers pegavam requisitos ou especificações dos gerentes de produto e usavam isso para criar seus designs. Por outro lado, designers de produto continuamente colaboram com os gerentes e engenheiros — da descoberta até a entrega. Da mesma forma, em vez de sentar com colegas designers, o designer de produto senta lado a lado com seu gerente de produto, criando uma parceria integral na descoberta de produtos.

Em vez de ser avaliado no resultado do seu trabalho de design, o designer de produto é avaliado no sucesso do produto. Levando isso em conta, designers de produtos têm várias das mesmas preocupações que gerentes de produto. Eles são profundamente orientados aos clientes reais e ao valor que seu produto traz para esses clientes. Eles também entendem que o produto está a serviço de um negócio e pode incorporar essas restrições no design do produto. Designers entendem melhor que a experiência de usuário é tão importante para o valor do cliente quanto a funcionalidade em si.

Em vez de ser avaliado no resultado do seu trabalho de design, o designer de produto é avaliado no sucesso do produto.

Design de Experiência do Usuário Holístico

A experiência de usuário (UX) é muito maior que interface de usuário (UI). Algumas pessoas ainda usam o termo *experiência de cliente* para enfatizar ainda mais o ponto. UX é qualquer forma que clientes e usuários finais percebem o valor proporcionado por seu produto. Isso inclui todas interações e pontos de contato que um cliente tem com a sua empresa e produto ao longo do tempo. Para produtos modernos, isso geralmente inclui diferentes e múltiplas interfaces, assim como pontos de contato do cliente (e-mail, campanhas de marketing, processo de vendas, suporte ao cliente e assim por diante).

Com alguns produtos, UX também inclui serviços offline, como dirigir em um carro chamado pela Uber ou ficar em uma casa alugada pelo Airbnb.

Bons designers de produto pensam na jornada do cliente ao longo do tempo conforme eles interagem com o produto e com a empresa como um todo. Dependendo do produto, a lista de pontos de contato poderia ser muito longa, considerando perguntas como:

- Como os clientes ficarão sabendo do produto?
- Como nós introduzimos um usuário em seu primeiro uso e (talvez gradualmente) revelamos novas funcionalidades?

- Como usuários poderiam interagir em diferentes momentos durante seu dia?
- Que outras coisas estão competindo pela atenção do usuário?
- Como as coisas poderiam ser diferentes para um cliente de um mês de uso versus um cliente de um ano?
- Como motivaremos um usuário para um nível mais alto de engajamento com o produto?
- Como criaremos momentos de satisfação?
- Como um usuário compartilhará sua experiência com os outros?
- Como clientes receberão um serviço offline?
- Qual é a capacidade de resposta percebida do produto?

Prototipagem

Mais tarde, neste livro, exploro as várias técnicas usadas para testar ideias de produto. Várias destas técnicas dependem dos protótipos e muitos destes protótipos são criados pelo designer de produto.

Bons designers de produto usam protótipos como sua forma inicial para comunicar ideias, tanto interna como externamente. Eles geralmente estão confortáveis com várias ferramentas de protótipos diferentes e são capazes de aplicar a correta para a tarefa que têm em mãos.

Teste de Usuário

Bons designers de produto estão constantemente testando suas ideias com usuários e clientes reais. Eles não só testam quando um protótipo ou ideia está pronta; eles desenvolvem o teste na sua cadência semanal, logo, são capazes de constantemente validar e refinar ideias, assim como coletar novos insights pelos quais talvez não estivessem procurando. Isso também significa que eles não estão propensos a ficar muito ligados a ideias antes de entrarem em contato com opiniões objetivas de quem não está no projeto.

O teste de usuário é mais abrangente que o teste de usabilidade. Designers de produto e seu time de produção utilizam a oportunidade de avaliar o *valor* de suas ideias. Clientes usarão ou comprarão o produto e, caso não, por que não?

Designs: Visual e de Interação

O design visual e de interação historicamente têm sido considerados como papéis separados. *Design de interação* geralmente inclui os modelos conceituais (por exemplo, aplicativo de gerenciamento de fotos pode ter fotos, álbuns, projetos), fluxos de tarefas e layouts de configuração para manipular esses conceitos. *Design visual* inclui composição, tipografia e como a marca visual é expressa.

Os atuais designers de produto podem ter diferentes pontos positivos, mas, geralmente, têm algum nível de habilidade tanto com o design visual quanto com o de interação. Ter um conjunto de ferramentas mais completo os ajuda a trabalhar rapidamente em diferentes níveis de fidelidade, dependendo do contexto. Isso também permite que projetem experiências que não seriam possíveis ao pensar em design visual e de interação separadamente. Isso é particularmente importante em interfaces de aplicativos para smartphones em que designers devem frequentemente criar novos modelos de interação fundamentalmente entrelaçados com o design visual.

Se você está desenvolvendo dispositivos eletrônicos de consumo, há outra dimensão crítica ao design — *design industrial* — que olha para os materiais e a arquitetura para manufatura.

A Ausência do Design de Produto

Três situações em particular são problemas incrivelmente graves e comuns:

1. Você como gerente de produto tenta fazer sozinho o design. Veja bem, isso é diferente se você é um designer treinado e assumiu também responsabilidades de gerente de produto. Nesta situação, você *não* foi treinado em design; contudo, seus engenheiros claramente precisam de designs, logo você assume o papel. Isso geralmente significa que você fornece wireframes aos engenheiros e eles mesmos remendam alguma forma de design visual.
2. Você como gerente de produto não fornece os designs, mas histórias de usuário de muito alto nível aos engenheiros. Para começar a codificar, os engenheiros não têm escolha a não ser compreender sozinhos o design.
3. Você como gerente de produto fornece o design de interação — especialmente os wireframes — e então usa um designer gráfico ou visual para fornecer o design visual.

Todas as três situações são problemas graves porque raramente geram bons resultados. Elas não fornecem o design holístico completo pelo qual estamos procurando.

A Apple é uma das empresas mais conscientes do valor do design e também uma das mais valiosas empresas no planeta. Contudo, poucas empresas de tecnológicas entendem a importância do talento do design. Embora todos falem sobre os engenheiros no Google e Facebook — e sua engenharia é de fato forte — ambas as empresas fizeram enormes investimentos em talento do design.

Se você estiver desenvolvendo produtos voltados para usuário, é crucialmente importante que você consiga um designer de produto treinado para seu time. Se você estiver fazendo produtos para consumidores, defendo que um forte design hoje é um mínimo que você deveria fazer. Se você estiver fazendo produtos para empresas, então este é um de seus diferenciadores mais competitivos.

É triste dizer, mas muitos produtos para empresas têm um design horrível. No entanto, têm conseguido se safar disso porque o usuário não é tão frequentemente o cliente — aquele que compra. Fico feliz em dizer que isso agora está mudando e que existe uma nova classe de empresas B2B (business to business) que levam o design muito a sério. Elas estão substituindo as tradicionais.

No caso de produtos para pequenos negócios, o usuário é tipicamente o comprador, logo, a qualidade tem que ser tão alta quanto a de produtos do consumidor.

Nós precisamos de design, não apenas como um serviço para embelezar nosso produto, mas para descobrir o produto certo.

Mas levar sua organização a investir em pessoas de design é somente metade da solução.

Eis o porquê.

Várias organizações acordam uma manhã e de repente percebem que design é importante. Logo, gastam dinheiro para introduzir este talento na empresa. Contudo, elas estabelecem a operação como uma agência interna. Você deve trazer suas solicitações de design para este grupo de designers — frequentemente se sentam juntos no seu pequeno estúdio próprio — e, quando estiverem prontas, você recebe os resultados.

Se fosse para trabalhar assim, provavelmente continuaríamos a utilizar agências externas. Mas não é isso. Nós precisamos de design, não apenas como um serviço para embelezar nosso produto, mas para descobrir o produto certo.

Em times fortes hoje em dia, o design informa a funcionalidade pelo menos tanto quanto a funcionalidade informa o design. Este é um conceito imensamente importante. Para que isso aconteça, nós precisamos tornar o design um membro de primeira classe do time de produto, sentando lado a lado com o gerente de produto, e não como um serviço de suporte.

Uma vez que você consegue um designer dedicado para o seu time de produtos, há cinco pontos-chave para um relacionamento saudável e bem-sucedido com o seu designer:

1. Faça o que precisar fazer para que seu designer sente ao seu lado.
2. Inclua seu designer desde o início de cada ideia.
3. Inclua seu designer em todas as interações de usuário e consumidores possíveis. Aprendam sobre os usuários e clientes juntos.
4. Lute contra a sua tentação de fornecer ao seu designer suas próprias ideias de design. Dê ao seu designer a maior quantidade de espaço possível para que ele resolva os desafios.
5. Encoraje seu designer a iterar cedo e frequentemente. A melhor maneira de encorajar isso é não ficar procurando defeito nos detalhes de design nas iterações muito iniciais. Encoraje seu designer a sentir-se livre não apenas para iterar como preferir, mas para explorar soluções alternativas para o problema.

O ponto principal é que você e seu designer realmente são parceiros. Vocês estão lá para descobrir as soluções de produto necessárias juntos e cada um de vocês traz habilidades cruciais e diferentes para o time.

CAPÍTULO

12

Os Engenheiros

Neste capítulo, descrevo o papel de engenharia (também comumente conhecida como *desenvolvedores* ou, em alguns círculos, *programadores*). Mas, assim como no último capítulo, não estou tentando falar com engenheiros — estou visando esta discussão em gerentes de produto que precisam aprender como trabalhar eficazmente com engenheiros.

Provavelmente, não existe relacionamento mais importante para um gerente de produto bem-sucedido do que aquele com os seus engenheiros.

Se o relacionamento é forte, com respeito sincero e mútuo de ambos os lados, então o trabalho do gerente de produto é ótimo. Se seu relacionamento não é forte, seus dias como gerente de produto serão cruéis (e provavelmente contados). Portanto, este é um relacionamento que vale a pena levar a sério e fazer tudo que você puder para cultivar.

Este forte relacionamento começa com *você*. Você precisa fazer seu dever de casa e trazer para a equipe o conhecimento e habilidades de boa gestão de produto.

Engenheiros são tipicamente espertos e frequentemente descrentes por natureza, logo, se você estiver blefando, eles provavelmente não serão enganados. Se você não souber algo, é muito melhor confessar e dizer que você irá se informar, em vez de tentar se vangloriar.

É também imensamente importante que você tenha uma apreciação real das demandas e complexidades do trabalho de engenharia. Se foi engenheiro antes ou se estudou Ciências da Computação na faculdade, você provavelmente tem consciência disso. Mas, em caso negativo, quero encorajá-lo fortemente a estudar em uma faculdade comunitária local ou online, para aprender uma linguagem de programação.

Provavelmente, não existe relacionamento mais importante para um gerente de produto bem-sucedido do que aquele com os seus engenheiros.

O propósito de desenvolver esta alfabetização em programação não é falar para seus engenheiros como fazer o trabalho deles, mas, preferivelmente, melhorar significativamente sua habilidade para se engajar e colaborar com seus engenheiros. Menos óbvio, porém não menos importante, este conhecimento dará a você uma apreciação muito melhor para a tecnologia e a arte do possível.

Também é crucial que você compartilhe muito abertamente o que você souber sobre seus clientes — especialmente a dor deles —, os dados e as restrições de negócio. Seu trabalho é trazer estas informações para sua equipe e então discutir as várias soluções em potencial para estes problemas.

Não existe nada de errado em ter um forte ponto de vista, mas você deve constantemente demonstrar para seu time que tem a mente aberta, que sabe ouvir e que quer e precisa da ajuda deles para produzir o produto certo.

Como uma matéria prática, você precisa se engajar diretamente com seus engenheiros todos os dias de trabalho. Existem tipicamente dois tipos de discussões continuando a cada dia. No primeiro tipo, você solicitará as ideias deles sobre os itens em cuja descoberta você estiver trabalhando. No segundo tipo de discussão, eles irão lhe fazer perguntas esclarecedoras sobre os itens em que estiverem trabalhando na entrega para produção.

Muitos dos gerentes de produto erram em sua conduta na forma como se comunicam com seus engenheiros. Assim como muitos gerentes de produto não gostam quando um executivo ou stakeholder explica clara e exatamente o que eles querem que você desenvolva, engenheiros geralmente não gostam quando você tenta explicar claramente como desenvolver algo. Logo, embora seja bom que você tenha uma boa compreensão de tecnologia, não é bom que você use esse conhecimento para tentar fazer o trabalho deles para eles.

Você quer dar a seus engenheiros o máximo possível de espaço para encontrarem a melhor solução. Lembre-se, são eles que serão chamados no meio da noite para reparar problemas, se algum surgir.

Uma última coisa para manter em mente: o moral dos engenheiros é muito uma função sua como gerente de produto. É seu trabalho ter certeza de que eles se sintam *missionários* e não *mercenários*. Você faz isso ao envolvê-los profundamente na dor do cliente que você estiver tentando resolver e nos problemas de negócio que você enfrenta. Não tente protegê-los disso — em vez disso, compartilhe estes problemas e desafios muito abertamente com eles. Eles vão lhe respeitar mais por isso e, em muitos casos, os desenvolvedores abraçarão o desafio.

O Papel do Líder Técnico

Existem, é claro, vários tipos de engenheiros. Alguns focam a engenharia da experiência de usuário (geralmente referidos como *desenvolvedores front-end*), e alguns focam tecnologias específicas (por exemplo, banco de dados, busca, aprendizado de máquina).

Similarmente, como muitos outros papéis, existe uma progressão de carreira para engenheiros. Vários chegam a se tornar engenheiros seniores e alguns vão de lá para papéis de arquitetos ou principal. Outros seguem um caminho de liderança de engenharia, o que geralmente se inicia com a função de *líder técnico* (também conhecido como *líder de desenvolvimento* ou *engenheiro líder*).

Em geral, da perspectiva da gestão de produto, qualquer engenheiro sênior é útil por causa do conhecimento abrangente que ele traz e que faz parte do que é possível. Todavia, um líder técnico não somente tem este conhecimento — e é responsável para ajudar a compartilhar este conhecimento com os outros engenheiros na equipe —, mas o líder técnico também tem uma responsabilidade explícita de ajudar o gerente de produto e o designer de produto a descobrir uma forte solução.

(continua)

(continuação)

Nem todo engenheiro ou mesmo engenheiro sênior quer participar das atividades de descoberta, e tudo bem. O que não é correto é ter um time de engenheiros no qual *nenhum* deles quer se engajar nas atividades de descoberta.

É por esta razão que o gerente de produto e o designer de produto trabalham em proximidade com o líder técnico. Em alguns times de produto, pode existir mais de um líder técnico, o que é um tanto melhor.

Vale a pena também apontar que esses engenheiros frequentemente têm diferentes estilos de trabalho, o que é também verdade para vários designers. O gerente de produto precisa ser sensível à melhor forma de interagir. Por exemplo, vários gerentes de produto ficam felizes em falar em frente de um grupo maior ou mesmo um grupo de executivos seniores, mas vários engenheiros ou designers não. É importante ser sensível a isso.

CAPÍTULO

13

Gerentes de Marketing de Produto

Gerentes de marketing de produto são um pouco diferentes dos outros membros da equipe de produtos. Não porque eles são menos importantes, mas porque o gerente de marketing de produto geralmente não é um membro dedicado de tempo integral de cada time de produto.

O marketing de produto é tipicamente mais organizado pelo produto voltado ao cliente, pelo mercado alvo ou às vezes pelo canal go-to-market, especialmente para empresas mais estabelecidas (por exemplo, corporativas, verticais, middle market). Existem tipicamente menos profissionais de marketing do que equipes de produtos, sendo assim, eles ficam espalhados em diferentes times de produto.

Nas melhores empresas de produtos de tecnologia, o marketing de produto tem um papel essencial na descoberta, entrega e, basicamente, no go-to-market, que é o motivo de eles serem importantes membros do time de produto.

Como você verá em breve, inventar produtos atraentes nunca é fácil. Precisamos de um produto que nossos clientes amem e que também funcione para o nosso negócio. Entretanto, um componente muito grande do que significa *funcionar para o nosso negócio* é existir um mercado real (grande o suficiente para sustentar um negócio), podermos sucessivamente nos diferenciar de vários concorrentes, ter vantagem na aquisição, atrair novos clientes e ter capacidades e canais de go-to-market necessários para que nosso produto chegue nas mãos de nossos clientes.

O marketing de produto é nosso parceiro crucial nisso.

Modernos gerentes de marketing de produtos representam o mercado para a equipe de produtos — o posicionamento, a mensagem e um plano de go-to-market atraente. Eles são profundamente comprometidos com o canal de vendas e conhecem suas capacidades, limitações e atuais problemas de concorrência.

Modernos gerentes de marketing de produtos representam o mercado para a equipe de produtos — o posicionamento, a mensagem e um plano go-to-market atraente. Eles são profundamente comprometidos com o canal de vendas e conhecem suas capacidades, limitações e atuais problemas de concorrência.

A natureza do marketing de produto é um pouco diferente, dependendo do tipo de negócio que você tiver e de como seu produto alcança o mercado. Quando você faz produtos para empresas que são vendidos por meio de uma força de vendas direta ou uma área de vendas por canal, declarar o posicionamento é um trabalho muito significativo e crucial. Com isso, queremos dizer a posição de mercado que o produto deve ocupar, juntamente com a mensagem, ativos de conteúdo/digitais, ferramentas de vendas e treinamento que possibilitam que as vendas ocorram eficazmente.

Se sua empresa tem uma área de venda e você não tem um parceiro de marketing de produtos, então esta responsabilidade provavelmente recai sobre você como gerente de produto. Isso pode facilmente se tornar um trabalho de tempo integral. E, dado o custo da área de vendas, não é realmente uma opção ignorá-los. Mas, é claro, se você estiver passando o dia ajudando a área de vendas, quem está imaginando o produto para estas pessoas venderem?

Se sua empresa vende diretamente para consumidores, fica fácil para as equipes de marketing focarem os cliques e marca à custa de garantir que todo trabalho de produto aponte para uma posição de mercado sucessivamente diferenciada. Isso é importante para perspectivas de longo prazo de qualquer empresa, mas também traz mais sentido em todo o trabalho que o time de produto faz.

É de grande interesse para você ter certeza de que você tem um gerente de marketing de produto com que possa trabalhar e vale a pena passar um tempo para ter certeza de que você entende o mercado — e seu colega de marketing de produto entende o produto — bem o bastante para cada um de vocês serem bem-sucedidos.

Existem várias interações importantes por toda descoberta e entrega, logo vale a pena fazer um esforço especial para desenvolver e manter um forte relacionamento de trabalho com o seu colega de marketing de produto. Por exemplo, garantir que o time de produto esteja obtendo uma boa indicação de uma representação do mercado abrangente o suficiente. Isso também se torna importante na mensagem e na decisão sobre o plano de go-to-market baseado nestes sinais de produtos adiantados.

Note aqui que estou falando sobre a definição moderna da função de marketing de produto. Não estou descrevendo o modelo antigo em que o marketing de produto era responsável por definir o produto e a gestão de produto era fundamentalmente responsável por trabalhar com engenharia para entregar esse produto.

Ter um forte parceiro de marketing de produto não diminui em qualquer sentido a responsabilidade do gerente de produto pela entrega de um produto bem-sucedido. Os melhores relacionamentos do gerente de marketing de produto e do gerente de produto entendem suas funções respectivas, mas percebem que elas são essenciais para o sucesso um do outro.

CAPÍTULO

14

Os Papéis de Apoio

Até agora, falamos sobre seu papel como gerente de produto e sobre designers, engenheiros e gerentes de marketing de produto, com quem você trabalhará bem próximo todos os dias.

Mas existem outras pessoas nos papéis de apoio com quem você trabalhará. Estas pessoas provavelmente não serão dedicadas apenas para seu time, pois são geralmente alocados em um número pequeno de outros times de produtos.

Agora, pode ser que nenhuma das pessoas que estou prestes a descrever estejam disponíveis para você. Isso realmente depende do tamanho e tipo de empresa em que você trabalha. Se estiver em uma startup pequena, provavelmente não haverá nenhuma destas funções e você mesmo precisará realizar estas atividades. Mas se você estiver em uma empresa que tem algumas ou todas essas funções, quero que você saiba por que elas existem e, o mais importante, como fazer o melhor uso destas pessoas.

Pesquisadores de Usuário

Em breve você verá que, quando falamos de como fazemos descoberta de produto, estamos continuamente fazendo dois tipos rápidos de aprendizado e experimentação. Um tipo de aprendizado é o *qualitativo* e o outro é *quantitativo*.

Especialmente em relação ao aprendizado qualitativo, algumas de nossas pesquisas são *generativas*, que entendem os problemas que precisamos resolver, e algumas são *avaliativas*, que avaliam o quão bem nossas soluções resolvem o problema.

Pesquisadores de usuário são treinados nesta variação de técnicas qualitativas (e alguns deles são treinados nas técnicas quantitativas também). Eles podem ajudar você a encontrar o tipo certo de usuários, criar os tipos certos de testes e aprender mais de cada interação do usuário ou cliente.

A chave para acessar o valor real que estes pesquisadores de usuário podem fornecer é manter em mente que o aprendizado deve ser *aprendizado compartilhado*. Você precisa testemunhar insights em primeira mão. Aprofundaremos o assunto quando falarmos sobre os princípios de descoberta de produto, mas, embora eu queira que você aprecie como o pesquisador de usuário pode lhe ajudar, não quero que pense que pode delegar o aprendizado para eles e apenas receber um relatório.

Se sua empresa não tiver pesquisadores de usuário, então seu designer de produtos tipicamente pegará estas responsabilidades para seu time.

Analista de Dados

Similarmente, para aprendizado quantitativo, analistas de dados ajudam equipes a selecionar o tipo certo de análises, gerenciar restrições de privacidade de dados, analisar os dados, planejar teste de dados em tempo real e entender e interpretar os resultados.

Às vezes, analistas de dados são conhecidos como analistas de inteligência de negócios (BI) e eles são especialistas nos tipos de dados que seu negócio coleta e reporta. Vale muito a pena fazer amizade com seu analista de dados. Hoje em dia, muito do trabalho do produto é orientado a dados, e estas pessoas podem ser reais minas de ouro para você e sua organização.

Analistas de dados ajudam equipes a selecionar o tipo certo de análises, gerenciar restrições de privacidade de dados, analisar os dados, planejar teste de dados em tempo real e entender e interpretar os resultados.

Em algumas empresas, especialmente aquelas com muitos dados — como as maiores empresas de consumo —, este pode ser um papel de tempo integral dedicado para um time de um produto específico. Neste caso, o analista de dados senta e trabalha ao lado do gerente de produto e do designer de produto.

Se sua empresa não tem nenhum analista de dados, então a responsabilidade por isso geralmente fica com o gerente de produto. Se este for o caso, você provavelmente precisará passar um tempo significativo mergulhando fundo nos dados para entender sua situação e fazer boas decisões.

Engenheiros de Automação de Teste

Engenheiros de automação de teste escrevem testes automatizados para seu produto. Eles substituíram amplamente as pessoas de garantia de qualidade (QA) manual fora de moda.

Agora, é muito possível que seus engenheiros sejam responsáveis tanto por escrever software quanto por escrever estes testes automatizados. Se esse for o caso, então você provavelmente não terá vários engenheiros de automação de teste. Mas muitas empresas têm uma abordagem misturada em que os engenheiros escrevem alguns dos testes automatizados (por exemplo, os testes unitários) e os engenheiros de automação de teste escrevem os testes automatizados das funcionalidades.

Qualquer que seja o modelo que sua empresa tenha, isso depende tipicamente da liderança de engenharia, o que é bom. Todavia, o que não é bom é se sua empresa não tiver engenheiros de teste e seus engenheiros não fizerem os testes também e, ainda, eles esperem que você como gerente de produto faça o teste de qualidade.

Embora seja verdade que, enquanto gerente de produto, você quer ter certeza de que as coisas estão conforme você espera antes de lançarem (teste de aceitação). Isso é bem diferente de ser capaz de lançar com confiança. O nível de automação de teste necessário para lançar com confiança é significativo e um trabalho grande. Não é incomum em produtos complexos ter múltiplos engenheiros de testes exclusivos para cada equipe de produtos.

CAPÍTULO

15

Perfil: Jane Manning do Google

Tenho certeza de que você ouviu falar em Google AdWords (atualmente Google Ads) e pode ser que você tenha ouvido que este produto é o que abastece o império Google. Para ser específico, enquanto escrevo este livro, AdWords tem 16 anos e no ano mais recente gerou, sozinho, bem mais que *US$60 bi no faturamento.*

Sim, *bi* de *bilhões.*

O que suponho que a maioria de vocês não sabe é como este produto, referência do mercado, surgiu. E especialmente o quão perto este produto chegou de nunca acontecer.

O ano era 2000 e a parte mais difícil do projeto do AdWords foi simplesmente conseguir um acordo para se trabalhar nele. A ideia central tinha apoio de Larry Page, mas a ideia imediatamente encontrou um pouco de resistência bem forte tanto da equipe de vendas de anúncios quanto da equipe de engenharia.

Jane Manning era uma jovem gerente de engenharia chamada para trabalhar como gerente de produto em uma tentativa de iniciar o trabalho.

A nova equipe de vendas, subordinada a Omid Kordestani, começou bem, vendendo palavras-chave para grandes marcas e colocando os resultados no topo dos resultados de busca. Estes resultados eram destacados como um anúncio, mas ainda muito proeminente — muito no estilo que tinha sido feito nos resultados de busca em outras empresas, incluindo na Netscape, de onde Omid veio. O departamento de vendas temia que esta ideia de uma plataforma de anúncios self-service diminuiria o valor do que o time de vendas estava tentando vender (conhecido como *canibalização*).

E os engenheiros, que tinham trabalhado arduamente para fornecer resultados de busca altamente relevantes, compreensivelmente temiam que os usuários ficassem confusos e frustrados com os anúncios se tornando um obstáculo em seus resultados de busca.

Jane se sentou com cada uma destas pessoas para ter um entendimento mais profundo de suas preocupações. Algumas estavam apenas claramente desconfortáveis com os anúncios. Outras estavam preocupadas com a canibalização. E ainda outras estavam preocupadas com a potencial insatisfação dos usuários.

Uma vez que Jane entendeu as restrições e preocupações, ela tinha as informações de que precisava para defender uma solução que acreditava que abordaria os problemas e ainda possibilitaria que inúmeros pequenos negócios conseguissem uma solução para anúncios muito mais eficaz. Jane também foi capaz de persuadir um dos engenheiros mais antigos e mais respeitados do Google, Georges Harik, do potencial da ideia, e ele ajudou a trazer outros engenheiros.

A solução de produto que encontraram foi colocar os anúncios gerados pelo AdWords ao lado dos resultados de busca, então eles não se confundiriam com os anúncios que a equipe de vendas vendeu, que estavam exibidos no topo dos resultados.

Além disso, em vez de determinar o posicionamento baseado apenas no preço pago, ele utilizariam uma fórmula que multiplicaria o preço pago por impressão com o desempenho dos anúncios (taxas por clique) para determinar o posicionamento. Assim, os anúncios com melhor desempenho — aqueles com maior probabilidade de serem relevantes para usuários — surgiriam no topo e seria improvável que os piores anúncios fossem exibidos, mesmo se eles fossem vendidos a um preço superior.

Esta solução claramente diferenciava o time de vendas e garantia resultados de busca de qualidade, sejam eles pagos ou orgânicos.

Jane liderou o trabalho de descoberta de produto e escreveu a primeira especificação para AdWords. Depois, ela trabalhou lado a lado com os engenheiros para desenvolver e lançar o produto que foi imensamente bem-sucedido.

Este, contudo, é outro exemplo de como sempre existem muitas boas razões para produtos não serem desenvolvidos. Nos produtos que tiveram sucesso, existe sempre alguém como Jane, nos bastidores, trabalhando para superar todas as objeções, sejam técnicas, de negócio ou qualquer outra.

Este, contudo, é outro exemplo de como sempre existem muitas boas razões para produtos *não* serem desenvolvidos. Nos produtos que tiveram sucesso, existe sempre alguém como Jane, nos bastidores, trabalhando para superar todas as objeções, sejam técnicas, de negócio ou qualquer outra. Jane fez uma pausa para iniciar uma família e está de volta ao Google mais uma vez, agora ajudando o time do YouTube.

Pessoas em Escala

Visão Geral

A maioria das empresas sabe que precisam dobrar seus esforços para recrutar uma equipe muito forte conforme crescem, mas nem sempre sabem quais outras mudanças são importantes enquanto crescem e escalam.

Quais são as mudanças nos papéis de liderança? Como podemos manter a visão de produto holística quando temos vários times? Como mantemos os times se sentindo empoderados e autônomos quando eles apenas possuem uma pequena parte do todo? Como encorajamos prestação de contas quando a única pessoa que possui tudo é o CEO? Como lidamos com a explosão de dependências?

Estes são os tópicos que abordaremos conforme discutimos o quão fortes as organizações de produtos escalam.

CAPÍTULO

16

O Papel da Liderança

O trabalho principal da liderança em qualquer organização de tecnologia é recrutar, desenvolver e reter grandes talentos. Todavia, em uma empresa de produto, a função vai além do desenvolvimento de pessoas, alcançando o que chamamos de *visão de produto holística*.

Para uma startup, existe tipicamente apenas um ou dois times de produto, logo não é muito difícil para todos manterem em mente uma visão de produto holística. Todavia, isso rapidamente se torna muito mais difícil conforme a empresa cresce — primeiro para um produto maior e em breve para vários times de produto.

Um dos grandes desafios de crescimento é saber como o produto todo se mantém consistente. Algumas pessoas gostam de pensar na visão holística como ligar os pontos entre os times.

Um dos grandes desafios de crescimento é saber como o produto todo se mantém consistente. Algumas pessoas gostam de pensar na visão holística como ligar os pontos entre os times.

Os três elementos distintos, porém cruciais, para a visão de produto holística são descritos a seguir.

Líderes de Gestão de Produto

Para garantir uma visão holística de como o sistema inteiro se entrelaça de um ponto de vista de negócios (visão de produto, estratégia, funcionalidade, regras de negócios e lógica de negócios), nós precisamos ou de líderes da área da gestão de produtos (VP de produto, diretores de produto) ou de um gerente principal de produto.

Esta pessoa deve regularmente revisar o trabalho dos vários gerentes de produto e das equipes de produtos, identificando e ajudando a resolver conflitos.

Para organizações de larga escala, algumas empresas preferem isso a ter um papel de colaborador individual (por exemplo, um gerente principal de produto), mas deixe-me ser claro que esta é uma função muito sênior (geralmente o equivalente a um gerente do nível de diretor). Como o head de produto é o primeiro e principal responsável pelo desenvolvimento das habilidades dos gerentes de produto, um gerente principal de produto exclusivo é capaz de focar o *produto* em si e está prontamente acessível como uma pessoa crucial para todos os gerentes de produto, designers de produto, engenheiros e equipe de automação de teste.

Se utilizar um gerente principal de produto para isso, ele ou ela deve reportar diretamente para o head de produto, para que todos entendam a importância da função e das responsabilidades dessa pessoa.

Seja coberta pelo head de produto ou por um gerente principal de produto, é uma função crucial para empresas com grandes e complexos sistemas de negócio, especialmente com vários sistemas legados.

Líderes de Design de Produto

Uma das funções mais importantes em uma empresa é a pessoa ou pessoas responsáveis pela experiência de usuário holística. Estes líderes devem garantir uma consistente e eficaz experiência de usuário em todo o sistema. Esta função é, às vezes, do líder da equipe de design de produto, às vezes de um dos gerentes ou diretor de design e, às vezes, de um designer principal que reporta a este líder. Em todos os casos, deve ser alguém muito forte em design de produtos holísticos.

Existem tantas interações e interdependências — e conhecimento institucional muito necessário do negócio e da jornada dos clientes e dos usuários — que, no mínimo, uma pessoa deve revisar tudo o que estiver acontecendo com o produto que será visível para o usuário. Não se pode esperar que qualquer designer ou gerente de produto, individual, seja capaz de ter isso tudo na cabeça.

Líderes da Organização de Tecnologia

Finalmente, para garantir uma visão holística de como o sistema inteiro se entrelaça de um ponto de vista de tecnologia, temos um *líder da organização de tecnologia* (frequentemente intitulado de CTO ou VP de engenharia). Na prática, essa pessoa é com frequência ajudada por um grupo de diretores e gerentes de engenharia e/ou arquitetos de software.

O CTO, gerentes e arquitetos são responsáveis pela visão holística da implementação do sistema. Eles devem revisar a arquitetura e o design dos sistemas de todo o software — ambos os sistemas desenvolvidos pela sua própria equipe, assim como quaisquer sistemas projetados pelos fornecedores. Eles devem também ter uma estratégia clara para gerenciar dívida técnica.

Novamente, esta é uma função crucialmente essencial para empresas com sistemas de negócios complexos e grandes, especialmente com vários sistemas legados, e deve ser colocado em algum lugar da organização que faz destas pessoas visíveis e disponíveis para a área de tecnologia inteira (geralmente alguém que reporta diretamente ao head de tecnologia).

Funções de Liderança da Visão Holística

Quanto maior a empresa fica, mais cruciais estas três funções são e a ausência delas é geralmente e excessivamente óbvia. Se parece que o produto ou site foi criado por meia dúzia de diferentes agências de design externas com modelos de usuário conflitantes e usabilidade ruim, você está provavelmente sem um head de design ou designer principal.

Se os projetos estão constantemente travando porque os gerentes de produto não entendem as implicações de suas decisões ou os gerentes de produto estão constantemente pedindo para os desenvolvedores olharem o código para dizer para eles como o sistema realmente funciona, então você está provavelmente sem um gerente principal de produto.

E se seu software é um grande espaguete e leva uma eternidade para fazer até mesmo alterações simples, você está provavelmente sofrendo de dívida técnica significativa.

Talvez você se pergunte o que acontece se uma destas pessoas for atropelada por um ônibus ou deixar a empresa. Em primeiro lugar, não perca estas pessoas! Cuide delas e não dê nenhuma razão para que elas queiram ir embora ou sintam que precisam se tornar um gerente para fazer mais dinheiro.

Segundo, você deve sempre tentar desenvolver mais destas pessoas e cada uma delas deve ter no mínimo uma pessoa com quem elas estejam trabalhando para transformar em um forte sucessor. Mas elas são um bem raro e incrivelmente valioso, pois este aprendizado não acontece da noite para o dia.

Algumas empresas acham que a resposta para isso é tentar documentar o sistema de forma que tudo fique gravado para que os membros da organização possam consultar e conseguir os mesmos tipos de respostas para as perguntas que fazem ao designer principal, gerente principal de produto e arquiteto de software.

Conheço algumas organizações que tentaram arduamente alcançar isso, mas nunca vi isso ter êxito. Sempre parece que os sistemas crescem em complexidade e tamanho muito mais rapidamente do que alguém pode documentar e, com software, a resposta definitiva sempre fica no código fonte (pelo menos a resposta atual — geralmente não a lógica ou o histórico).

Uma observação final: estes três líderes de visão holística — o head de produto, o head de design e o head de tecnologia — são obviamente muito valiosos individualmente, mas na combinação você pode ver o verdadeiro poder deles. É por isso que prefiro que estas três pessoas sentem-se muito perto uma da outra, às vezes no mesmo escritório físico.

CAPÍTULO

17

O Papel do Head de Produto

Escrevi este capítulo para três públicos específicos:

1. Se você for um CEO ou recrutador executivo e estiver procurando por um head de produto, este capítulo dará a você um entendimento mais profundo de qual tipo de pessoa você deveria buscar.
2. Se você estiver atualmente liderando uma área ou empresa de produto, gostaria de oferecer este capítulo como sua chave para o sucesso.
3. Se você tiver aspirações de um dia liderar uma área ou empresa de produto, esta é uma discussão franca sobre as habilidades que você precisará adquirir.

Neste capítulo, uso o título *VP de produto* para me referir a este cargo, mas você também encontrará títulos variando de diretor de gestão de produto até diretor de produto. Qualquer que seja o título, estou me referindo aqui à função de produto mais sênior na sua empresa ou unidade de negócios.

Organizacionalmente, esta função tipicamente gerencia os gerentes de produto e designers de produto, às vezes os analistas de dados, e geralmente reporta ao CEO. Com algumas exceções, é importante que esta função seja um par para o CTO e o VP de marketing.

Direi logo de cara que esta é uma função difícil e é difícil executá-la bem. Aqueles que realmente têm êxito nela fazem uma diferença drástica nas suas empresas. Grandes líderes de produto são altamente valiosos e frequentemente fundam suas próprias empresas. Na verdade, alguns dos melhores capitalistas de risco somente investem em fundadores que já demonstraram ser grandes líderes de produto.

Competências

Especificamente, você está procurando por alguém que mostrou ser forte em quatro competências principais: (1) desenvolvimento de time, (2) visão de produto, (3) execução e (4) cultura de produto.

Desenvolvimento de Time

A responsabilidade mais importante de um VP de produtos é desenvolver um time forte de designers e gerentes de produto. Isso significa fazer do recrutamento, treinamento e coaching contínuo maiores prioridades. Perceba que desenvolver ótimas pessoas requer um conjunto diferente de habilidades do que desenvolver grandes produtos, e é por isso que vários dos excelentes designers e gerentes de produto nunca progridem para a liderança de organizações.

A responsabilidade mais importante de um VP de produtos é desenvolver um time forte de designers e gerentes de produto.

Uma das piores coisas que você pode fazer é pegar uma de suas pessoas com desempenho ruim e promovê-la para este cargo de liderança. Sei que pode soar óbvio, mas você ficaria surpreso com a quantidade de executivos que argumentam: “Bem, esta pessoa não é muito forte, mas ela trabalha bem com pessoas e parece que os stakeholders gostam dela, logo talvez eu faça dela o head de produto e contratarei um colaborador individual forte para substituí-la.” Mas como você espera que este executor ruim ajude a transformar o time dele em fortes executores? E qual mensagem isso envia para a empresa?

Para este cargo, você precisa garantir que contrate alguém que tem *mostrado* habilidade para desenvolver outras pessoas. Ele deve ter um histórico de identificação e recrutamento de talentos em potencial e trabalhar ativa e continuamente com essas pessoas para direcionar suas fraquezas e explorar seus pontos fortes.

Visão de Produto e Estratégia

A visão de produto é o que direciona e inspira as empresas e sustenta a empresa nos altos e baixos. Isso pode soar simples, mas é complicado. Isso porque existem dois tipos muito diferentes de líderes de produto necessários para duas situações muito diferentes:

1. Existe um CEO ou um fundador que seja o nítido visionário de produto.
2. Não existe nenhum nítido visionário de produto — geralmente em situações em que o fundador foi embora.

Existem duas situações muito ruins que você pode encontrar relacionadas à visão de produto e à estratégia.

A primeira é quando você tem um CEO que é muito forte em produto e visão, mas ele quer contratar um VP de produto (ou, mais frequentemente, a diretoria o pressiona para contratar um VP de produto) e ele acha que deve contratar alguém à sua própria imagem — ou, pelo menos, visionário como ele. O resultado é tipicamente um conflito imediato e uma curta estabilidade para o VP de produto. Se este cargo parece uma porta giratória, é muito possível que seja isso o que está ocorrendo.

A segunda situação ruim é quando o CEO não é forte em visão, mas ele também contrata alguém à sua própria imagem. Isso não resulta em conflito (eles frequentemente se dão muito bem), mas deixa um sério vazio nos termos de visão e causa frustração entre os times de produto, moral baixa em toda a empresa e geralmente uma falta de inovação.

A chave aqui é que o VP de produto precisa *complementar* o CEO. Se você tiver um forte CEO visionário, deve haver alguns candidatos muito fortes para VP de produto que não desejarão o cargo porque eles sabem que, nesta empresa, seu emprego é fundamentalmente executar a visão do CEO.

Uma situação que infelizmente acontece é um CEO fundador visionário com um parceiro muito forte na execução de produtos eventualmente sair, deixando a empresa com um problema, porque agora não tem mais ninguém para fornecer a visão para o futuro. Isso geralmente não é algo que um VP de produtos possa facilmente ligar e desligar e, mesmo se pudesse, o resto da empresa pode não estar disposto a considerar o líder de produto nesta nova luz. É por isso que prefiro quando os fundadores ficam na empresa, mesmo que eles decidam trazer outra pessoa como CEO.

Se está se perguntando o que fazer quando tem um CEO que *acha* que é um forte líder visionário, mas o resto da empresa sabe que ele não é, saiba que você precisa de um VP de produto muito especial, que seja um forte visionário, mas também tenha a habilidade e a vontade de convencer o CEO de que a visão foi do próprio CEO.

Execução

Não importa de onde venha, toda grande visão no mundo não significa muito se não conseguir fazer a ideia do produto chegar nas mãos dos clientes. Você precisa de um líder de produto que saiba como organizar e fazer as coisas e tenha absolutamente provado sua habilidade para fazê-lo.

Existem vários aspectos que contribuem para uma habilidade da equipe de executar de forma consistente, rápida e eficaz. O líder de produto deve ser um especialista nas formas modernas de planejamento de produto, descoberta de clientes, descoberta de produto e processo de desenvolvimento de produto, mas execução também significa que eles sabem como trabalhar eficazmente como parte de uma empresa de seu tamanho.

Quanto maior a empresa, mais crítico é que a pessoa tenha habilidades fortes comprovadas — especialmente na gestão de stakeholders e evangelismo interno. O líder de produto deve ser capaz de inspirar e motivar a empresa e fazer todos irem na mesma direção.

Cultura de Produto

Boas empresas de produto têm uma equipe forte, uma visão sólida e consistente de execução. Uma *grande* empresa de produtos adiciona a dimensão de uma forte cultura do produto.

Uma forte cultura de produto significa que a equipe entende a importância de aprendizado e teste contínuos e rápidos. Eles entendem que precisam cometer erros a fim de aprender, mas precisam cometê-los rapidamente e mitigar os riscos. Eles entendem a necessidade da inovação contínua. Eles sabem que grandes produtos são o resultado de verdadeira colaboração. Eles respeitam e valorizam seus designers e engenheiros. Eles entendem o poder de uma equipe de produtos motivada.

Um VP de produto forte entenderá a importância de uma cultura de produto forte, será capaz de dar exemplos reais de suas próprias experiências com cultura de produto e terá planos concretos para instilar esta cultura em sua empresa.

Experiência

A quantidade de experiência relevante, como experiência de domínio, dependerá de seu setor e empresa específicos. Mas, no mínimo, você está procurando por alguém com a combinação de um forte background de tecnologia com um entendimento da dinâmica e economia do seu negócio e mercado.

Química

Por último, mas certamente não menos importante, tudo previamente discutido ainda não é o suficiente. Existe mais uma coisa: seu líder de produto deve ser capaz de trabalhar bem em um nível pessoal com os outros executivos-chave, especialmente o CEO e CTO. Não será divertido para nenhum de vocês se não houver essa conexão pessoal. Tenha certeza de que o processo de entrevista inclui um jantar longo com, pelo menos, o CEO e o CTO e provavelmente o head de marketing e o head de design. Seja aberto e faça isso pessoalmente.

O Papel do Gerente de Grupo de Produto

Existe uma função nas empresas de produto maiores que eu acho especialmente eficaz. O papel é intitulado como *gerente de grupo de produto*, geralmente referida como GPM.

O GPM é um papel híbrido. Parte colaborador individual e parte gerente de pessoas de primeiro nível. A ideia é que o GPM já seja um gerente de produto comprovado (geralmente vindo de um título de gerente de produto sênior) e agora a pessoa está pronta para mais responsabilidades.

Existem geralmente duas trajetórias de carreira para gerentes de produto.

Uma é ficar como um colaborador individual, que, se você for forte o suficiente, poderá continuar no caminho até ser um *gerente principal de produto* — uma pessoa que é um colaborador individual, mas um rock star, disposto e capaz de abordar o trabalho mais difícil de produto. Este é um papel altamente respeitado e geralmente compensado como um diretor ou mesmo um VP.

A outra trajetória é mudar para gestão funcional dos gerentes de produto (o título mais comum é *diretor de produto*), em que alguns gerentes de produto (geralmente algo entre 3 e 10) reportam diretamente a você. O diretor da gestão de produto é, na verdade, responsável por duas coisas. A primeira é garantir que seus gerentes de produto sejam todos fortes e capazes. A segunda é a visão de produto, estratégia e ligar os pontos entre o trabalho do produto das várias equipes. Isso também é referido como *visão de produto holística.*

Mas muitos dos fortes gerentes de produto seniores não estão certos sobre sua trajetória de carreira preferida neste estágio e o papel de GPM é uma ótima forma de provar de ambos os mundos.

O GPM é de fato o gerente de produto para um time de produto, mas, além disso, ele é responsável pelo desenvolvimento e coaching de um pequeno número de gerentes de produto adicionais (tipicamente, de um até três).

Enquanto pode ser que o diretor de produto tenha gerentes de produto que trabalham em várias áreas diferentes, o modelo GPM é designado para facilitar times de produto que trabalham juntos.

É mais fácil de explicar isso com um exemplo.

Digamos que você seja uma empresa de marketplace em estágio de crescimento e que você tenha aproximadamente 10 equipes de produtos. Você pode provavelmente dividir essas 10 equipes em três tipos: um grupo de serviços comuns/plataforma e depois um grupo para cada lado do marketplace (por exemplo, compradores e vendedores, passageiros e motoristas ou anfitriões e hóspedes).

Poderia haver um VP de produto e três GPMs — um para cada um dos três grupos, por exemplo, um GPM do lado do comprador, um GPM do lado do vendedor e um GPM dos serviços de plataforma.

Então, agora, vamos simular o GPM para o lado do comprador e vamos dizer que existem três times de produto constituindo a experiência do lado do comprador. O GPM do lado do comprador teria uma dessas equipes e cada uma das outras duas teria um gerente de produto que relata ao GPM.

Nós gostamos disso porque o lado do comprador realmente precisa ser uma solução ininterrupta, mesmo que possa haver múltiplas equipes de produtos trabalhando em diferentes aspectos disso. O GPM trabalha muito próximo com outros PMs para garantir isso.

Este papel é frequentemente chamado de *player-coach* por causa desta dinâmica de liderar sua própria equipe, além de ser responsável pelo coaching e desenvolvimento de um até três outros PMs.

Alguns GPMs se adéquam para se tornarem um diretor ou VP da gestão de produto, alguns se adéquam para uma função de gerente principal de produto e alguns decidem ficar como um GPM porque eles adoram a mistura de trabalho prático com seu próprio time de produto, assim como a habilidade de influenciar outros times e outros gerentes de produto por meio de coaching.

Este papel é frequentemente chamado de player-coach por causa desta dinâmica de liderar sua própria equipe, além de ser responsável pelo coaching e desenvolvimento de um até três outros PMs.

CAPÍTULO

18

O Papel do Head de Tecnologia

Mesmo com as melhores ideias de produtos, se você não conseguir desenvolver e lançar o seu produto, ele permanece apenas uma ideia. Assim, seu relacionamento com a área de engenharia é importantíssimo.

Neste capítulo, descrevo o líder da área de engenharia. Tive a grande sorte de colaborar neste capítulo com um dos mais bem-sucedidos CTOs do Vale do Silício, Chuck Geiger.

Digo frequentemente que se como um gerente de produto você tem um bom relacionamento de trabalho com seu par de engenharia, então este é um bom trabalho. Caso contrário, você está prestes a ter alguns dias muito difíceis. Logo, no espírito de desenvolver uma melhor apreciação sobre o que faz uma grande área de tecnologia, nós oferecemos este resumo.

Primeiro, vamos ser claros a que área estamos nos referindo. Esta é a área responsável pela arquitetura, engenharia, qualidade, operações de site, segurança de site, gestão de lançamento e geralmente gestão de entrega. Este grupo é responsável por desenvolver e fazer os serviços e produtos da empresa funcionarem.

Os títulos variam, mas frequentemente incluem VP de engenharia ou diretor de tecnologia (CTO). Neste capítulo, nós nos referiremos ao head desta área como o CTO, mas sinta-se à vontade para substituir o termo pelo que a sua empresa utiliza.

Existe um título, todavia, que é frequentemente um problema: o diretor de informações (CIO). A função de CIO é muito diferente da função de CTO. Na verdade, se sua área de tecnologia relata ao CIO, isso é um sinal de aviso para várias das patologias discutidas no Capítulo 6, "As Causas Raízes de Iniciativas de Produtos Fracassados".

Mesmo com as melhores ideias de produtos, se você não conseguir desenvolver e lançar seu produto, ele permanece apenas uma ideia.

A marca de um grande CTO é um compromisso para continuamente lutar pela tecnologia como um habilitador estratégico para o negócio e os produtos. Remover a tecnologia como uma barreira, assim como expandir a arte do possível para os negócios e os líderes de produto é o objetivo em geral.

Por esta razão, existem seis responsabilidades principais de um CTO. Nós as apresentamos aqui em ordem de prioridade e discutiremos como cada uma é tipicamente medida.

Área

Desenvolver uma excelente área com um time forte de gestão compromissado com desenvolvimento das habilidades de seus funcionários. Nós tipicamente medimos eficácia aqui olhando para planos de desenvolvimento para todos os funcionários, a taxa de retenção e a avaliação dos gerentes e a área de tecnologia e produtos no geral pelo resto da empresa.

Liderança

Representar tecnologia na liderança e direção estratégica geral da empresa, trabalhando com outros executivos da empresa para ajudar a informar direção, atividade de fusões e aquisições e decisões sobre se um ativo deve ser comprado, construído ou obtido via alguma parceria.

Entrega

Certificar-se de que esta área pode continuamente entregar produtos para o mercado de forma rápida e confiável. Existem várias medidas de entrega, incluindo a consistência e frequência de lançamento e a qualidade/confiabilidade do software lançado/entregue. O principal obstáculo para a entrega rápida é frequentemente a dívida técnica e é a responsabilidade do CTO garantir que a empresa esteja mantendo isso em um nível manejável, não permitindo que o problema prejudique a habilidade da área para entregar e competir, o que é discutido a seguir.

Arquitetura

Certificar-se de que a empresa tenha uma arquitetura capaz de entregar a funcionalidade, escalabilidade, confiabilidade, segurança e desempenho de que precisa para competir e ter êxito. Em empresas com múltiplas linhas de produto ou unidades de negócios verticais, o CTO precisa ser o líder em uma estratégia de tecnologia coesiva olhando para a soma e não apenas para as partes. O CTO é o orquestrador de uma estratégia de tecnologia em toda a empresa. As medidas para arquitetura variarão com base no seu negócio, mas, em geral, nós procuramos garantir que a infraestrutura seja continuamente monitorada e avançada para se manter junto com o crescimento do negócio e medimos falhas devidas a problemas arquiteturais ou de infraestrutura que impactam nossos clientes.

Descoberta

Certificar-se de que membros seniores do time de engenharia estejam participando ativamente e contribuindo significativamente com a descoberta de produto. Se seus engenheiros e arquitetos estão somente sendo utilizados para escrever software, então você está somente obtendo uma fração do valor deles que deveria. Nós lhe encorajamos a ficar de olho na participação da área de engenharia na descoberta de produto (tanto a profundidade quanto a amplitude) e acompanhar a frequência de inovações creditadas para o participante da engenharia.

Evangelismo

O CTO servirá como porta-voz da empresa para a área de engenharia, demonstrando liderança na comunidade com desenvolvedores, parceiros e clientes. Liderança deste tipo pode ser medida pelo estabelecimento de um programa de recrutamento/relações com universidades e patrocínio ou participação em vários eventos por ano na comunidade de desenvolvedores.

Almoce com seu parceiro de engenharia e discuta o que ele vê como seus maiores desafios e como você poderia ajudar pela perspectiva do produto. Qualquer coisa que vocês possam fazer para ajudar um ao outro levará à criação de uma empresa com produtos verdadeiramente eficazes, capaz de descobrir e entregar produtos imbatíveis.

CAPÍTULO

19

O Papel do Gerente de Entrega

Em empresas em estágio de crescimento e em empresas consolidadas, vários gerentes de produto reclamam que eles passam um tempo excessivo fazendo atividades de gestão de projetos. Como resultado, eles quase não têm tempo de abordar sua responsabilidade principal de produto: garantir que os engenheiros tenham um produto que valha a pena desenvolver.

Gerentes de entrega são um tipo especial de gerente de projeto cuja missão é remover obstáculos — também conhecidos como *impedimentos* — para o time. Às vezes, estes obstáculos envolvem outros times de produto e às vezes eles envolvem funções sem relação com o produto. Em um único dia, eles poderiam encontrar alguém no marketing e pressioná-lo para uma decisão ou uma aprovação, coordenar com o gerente de entrega em um outro time a prioridade de uma dependência-chave, persuadir um designer de produto a criar alguns bens visuais para um dos desenvolvedores de front-end e lidar com uma dúzia de outros bloqueios similares.

Estes gerentes de entrega são tipicamente também os Scrum Masters para o time (se eles tiverem essa função). Eles o ajudam a conseguir coisas em tempo real mais rapidamente, não descendo o chicote, mas removendo obstáculos que possam interferir.

Estas pessoas poderiam ter o título de gerente de projeto — ou gerente de programa —, mas, se esse é o caso, então nós precisamos ter certeza de que seus trabalhos sejam definidos como aqui e não no antigo senso de gestão de programas.

Em empresas em estágio de crescimento e em empresas consolidadas, vários gerentes de produto reclamam que eles passam um tempo excessivo fazendo atividades de gestão de projetos.

Se sua empresa não tem gerentes de entrega — qualquer que seja o título —, então este trabalho tipicamente recai sobre os gerentes de produto e os gerentes de engenharia. Novamente, se sua organização é pequena, então isso é ótimo — e existem ainda mais vantagens. Mas se sua organização é maior — na ordem de no mínimo 5 a 10 times de produto —, então este papel se torna cada vez mais importante.

CAPÍTULO

20

Princípios da Estruturação de Equipes de Produtos

Um dos problemas mais difíceis voltados para toda empresa de produto em escala é como dividir seu produto em seus vários times de produto.

A necessidade de dividir seu produto começa a aparecer com apenas alguns times de produto, mas em escala: 25, 50, mais de 100 equipes de produtos. Isso se torna um fator muito considerável na habilidade da empresa de se mover rapidamente. Isso também é um fator significante para manter equipes se sentindo empoderadas e responsáveis por algo significativo, ainda mais contribuindo para uma visão maior em que a soma seja maior do que as partes.

Se você já estiver em escala, então estou certo de que você sabe do que estou falando.

O que faz disso um tópico tão difícil é que não existe nenhuma resposta certa. Existem muitas considerações e fatores e boas empresas de produtos debatem as alternativas e depois tomam uma decisão.

Trabalhei pessoalmente com várias empresas de produtos e tecnologia enquanto elas consideravam as opções e, para várias delas, pude observar como as coisas funcionavam ao longo do tempo.

Sei que várias pessoas anseiam por uma receita para estruturar os times de produtos, mas sempre explico para elas que não existe receita. Ao invés disso, existem alguns princípios centrais e a chave é entender esses princípios e então pesar as opções para suas circunstâncias específicas.

Um dos problemas mais difíceis voltados para toda empresa de produto em escala é como dividir seu produto em seus vários times de produto.

1. Alinhamento com estratégia de investimento

   É notável para mim quantas empresas encontro nas quais os times são simplesmente reflexos de seus investimentos em andamento. Elas têm certos times porque sempre os tiveram. Mas, é claro, precisamos investir no nosso futuro também. Podemos eliminar produtos que não mais carregam seu próprio peso e podemos frequentemente reduzir os investimentos em nossos produtos "mina de ouro" para que possamos investir mais em futuras fontes de faturamento e crescimento. Existem inúmeras formas de pensar sobre a divisão de seus investimentos entre tempo e risco. Algumas pessoas gostam do modelo de três horizontes, enquanto outras usam mais uma abordagem de gestão de portfólio. O ponto aqui é que você precisa ter uma estratégia de investimento e sua estrutura de time deve ser um reflexo disso.

2. Minimizar Dependências

   Uma grande meta é minimizar dependências. Isso ajuda os times a se moverem mais rapidamente e a se sentirem muito mais autônomos. Apesar do fato de que nós nunca poderemos eliminar inteiramente as dependências, podemos trabalhar para reduzi-las e minimizá-las. Note também que dependências mudam ao longo do tempo, logo, as rastreie continuamente e sempre se pergunte como elas podem ser reduzidas.

3. Propriedade e Autonomia

   Lembre-se de que um dos traços mais importantes de equipes de produtos é que queremos equipes de missionários e não equipes de mercenários. Isso leva diretamente aos conceitos de propriedade e autonomia. Um time deve se sentir empoderado, ainda mais responsável por alguma parte significativa do produto. Isso é mais difícil do que parece porque grandes sistemas nem sempre se dividem tão organizadamente. Um pouco de interdependências sempre minará o senso de propriedade. Mas trabalhamos arduamente para tentar maximizar isso.

4. Maximizar Alavancagem

   À medida que as organizações crescem, frequentemente encontramos necessidades comuns e a crescente importância de serviços compartilhados. Fazemos isso pela velocidade e confiabilidade. Não queremos que todo time reinvente a roda. Perceba, todavia, que criar serviços compartilhados também cria dependências e pode impactar a autonomia.

5. Visão de Produto e Estratégia

   A visão de produto descreve onde nós como uma empresa estamos tentando chegar e a estratégia de produto descreve os maiores marcos para chegar lá. Várias organizações, grandes e antigas, não mais têm uma estratégia e visão relevantes, mas esta é a chave. Uma vez que você tiver sua estratégia e visão, garanta que você tenha estruturado os times para estarem bem posicionados a fim de alcançá-las.

6. Tamanho da Equipe

   Este é um princípio muito prático. O tamanho mínimo para uma equipe de produtos é geralmente de dois engenheiros e um gerente de produto e, se a equipe for responsável pela tecnologia voltada ao usuário, então um designer de produto é necessário também. Menos do que isso é considerado abaixo da massa crítica para uma equipe de produtos. Por outro lado, é realmente difícil para um gerente de produto e designer de produto manter mais de cerca de 10-12 engenheiros ocupados com boas coisas para desenvolver. Também, no caso de não estar claro, é importante que cada time de produto tenha um, e somente um, gerente de produto.

7. Alinhamento com Arquitetura

Na prática, para várias organizações, o princípio primário para estruturar os times de produto é a arquitetura. Vários iniciarão com uma visão de produto, definirão uma abordagem arquitetural para cumprir essa visão e então projetarão os times em torno dessa arquitetura.

Isso pode parecer um retrocesso para você, mas, na verdade, existem algumas razões muito boas para isso. Arquiteturas direcionam tecnologias, que direcionam conjuntos de habilidades. Adoraríamos que cada time fosse um time full stack que pudesse trabalhar em qualquer camada da arquitetura, mas na prática isso não é frequentemente uma opção. Diferentes engenheiros são treinados em diferentes tecnologias. Alguns querem se especializar (e, na verdade, em vários casos eles passaram vários anos se especializando) e alguns ainda precisam de anos para adquirir as habilidades necessárias. A arquitetura não muda rapidamente.

Geralmente, é fácil ver quando uma empresa não prestou atenção na arquitetura quando montou seus times — isso aparece de algumas formas diferentes. Primeiro, os times sentem como se estivessem constantemente lutando contra a arquitetura. Segundo, interdependências entre times parecem desproporcionais. Terceiro, e na realidade por causa das duas primeiras, as coisas se movem lentamente e os times não se sentem empoderados.

Para empresas maiores, especialmente, é típico ter um ou mais times que forneçam serviços comuns para outros times de produto. Nós frequentemente rotulamos estes times como *serviços comuns*, *serviços centrais* ou times *de plataforma*, mas eles fundamentalmente refletem a arquitetura. Esta é uma alta alavancagem, o que é a razão de tantas empresas terem estes tipos de times em escala. Todavia, é também difícil prover esses times com funcionários porque estes são dependências (pelo projeto) de todos os outros times, já que estão lá para *habilitar* as outras equipes. Tenha certeza de provê-los com serviços comuns com gerentes de produto técnicos e competentes (frequentemente chamados de *gerentes de produto de plataforma*).

8. Alinhamento com Usuário e Cliente

O alinhamento com usuário e cliente tem benefícios muito reais para o produto e para o time. Se, por exemplo, sua empresa fornece um marketplace de dois lados com compradores em um lado e vendedores no outro, existem vantagens reais para que alguns times foquem os compradores e outros nos vendedores. Cada time de produto pode ir muito fundo com *seu* tipo de cliente em vez de tentar aprender sobre *todos* os tipos de cliente. Mesmo em empresas de marketplace, todavia, elas invariavelmente terão alguns times que fornecerão a fundação comum e serviços compartilhados para todos os outros. Isso é realmente um reflexo da arquitetura, logo, o ponto aqui é que é perfeitamente ótimo — e comum — ter ambos os tipos de times.

9. Alinhamento com Negócios

Em empresas maiores, frequentemente temos múltiplas linhas de negócios, mas uma fundação comum para nossos produtos. Se a tecnologia é verdadeiramente independente das áreas de negócio, então nós apenas poderíamos tratá-las essencialmente como empresas diferentes enquanto estruturamos times de produto. Todavia, na sua maior parte esse não é o caso. Temos múltiplas linhas de negócio, mas todas são desenvolvidas em uma fundação comum e frequentemente integrada. Isso é mais ou menos como o alinhamento pelo tipo de cliente, mas existem diferenças importantes. Nossa estrutura da unidade de negócio é uma construção artificial. As diferentes unidades de negócio estão frequentemente vendendo para os mesmos clientes reais. Assim, embora existam vantagens para alinhar com as unidades de negócio, isso geralmente vem depois dos outros fatores de prioridade.

10. Estrutura É um Alvo Móvel

Perceba que a estrutura ideal da área de produtos é um alvo móvel. As necessidades da área devem e mudarão ao longo do tempo. Não é que você precisará reorganizar a cada poucos meses, mas revisar sua estrutura de time todo ano, mais ou menos, faz sentido.

Frequentemente tenho que explicar para as empresas que nunca existe uma forma perfeita para estruturar um time — toda tentativa de estruturar a área de produtos será otimizada para algumas coisas à custa de outras. Logo, assim como muitas coisas em produto e tecnologia, isso envolve trocas e escolhas. Minha esperança é que estes princípios ajudarão você conforme você guiar sua área adiante.

Autonomia em Escala

A maioria das empresas líderes de tecnologia embarcaram no modelo de time de produto colaborativo, multidisciplinar, dedicado/durável e empoderado que descrevi aqui e acho que elas são muito melhores por isso.

Eu atribuo muito dos benefícios ao nível crescente de motivação e verdadeiro senso de propriedade quando os times se sentem mais no controle de seu próprio destino.

Os resultados falam por si mesmos, mas eu atribuo muito dos benefícios ao nível crescente de motivação e verdadeiro senso de propriedade quando os times se sentem mais no controle de seu próprio destino.

Todavia, embora muitos líderes me falem que eles têm times autônomos, empoderados, algumas das pessoas nesses times reclamam para mim que eles nem sempre se sentem tão autônomos ou empoderados. Sempre que isso acontece, tento encontrar os detalhes do que o time não é capaz de decidir ou onde eles se sentem forçados.

Muito do que ouço é categorizado como um dos dois casos:

1. No primeiro caso, o time simplesmente não é considerado de confiança ainda pela gestão e a gestão está relutante em dar muita corda para ele.
2. No segundo caso, o time quer mudar algo que os líderes tinham assumido que era parte da fundação.

Em geral, muitos times provavelmente concordariam que existem algumas coisas que são bem abertas para o time fazer conforme eles entendem como melhor e outras áreas que fazem parte da fundação comum que todos os times compartilham.

Como um exemplo da última, seria incomum que cada time selecionasse sua própria configuração do software de gestão. Se o time de engenharia padronizou no GitHub, então isso é geralmente considerado parte da fundação. Mesmo se um time tivesse uma forte preferência por uma ferramenta diferente, o custo total para a organização de permitir seu uso provavelmente superaria muito quaisquer benefícios.

Enquanto este poderia ser um exemplo objetivo, existem vários outros que não são tão claros.

Por exemplo, cada time deve poder abordar a automatização de teste do seu próprio jeito? Os times devem poder selecionar as linguagens de programação que desejam utilizar? E os frameworks de interface de usuário? E a compatibilidade do browser? E funcionalidades custosas como suporte offline? E o framework Ágil que desejam utilizar? E todo time realmente precisa dar suporte a várias iniciativas de produtos de toda a empresa?

Como costuma acontecer com produtos, as coisas se resumem a uma troca — neste caso, entre a autonomia do time e a alavancagem da fundação.

Eu também confessarei aqui que, embora adore o princípio de times empoderados e autônomos, também sou um grande fã de investimento em uma fundação de alavancagem alta. Isso significa desenvolver uma fundação forte que todos os times possam alavancar para criar excelentes produtos e experiências muito mais rapidamente do que fariam de outra maneira.

Para ficar claro, não acredito que exista uma resposta para esta pergunta. A melhor resposta é diferente para cada empresa e mesmo para cada time e a melhor resposta também varia em função da cultura da empresa.

Estes são os fatores principais a se considerar:

Nível de Habilidade do Time

Existem aproximadamente três níveis de habilidade do time: (1) Time A — um time experiente que pode-se confiar que fará boas escolhas; (2) Time B — estas pessoas têm as intenções certas, mas podem não ter o nível de experiência necessário para tomar boas decisões em vários casos e podem precisar de alguma assistência; e (3) Time C — este é um time júnior que talvez nem mesmo saiba o que não sabe. Estes times podem involuntariamente causar problemas consideráveis sem coaching significativo.

(continua)

(*continuação*)

Importância da Velocidade

Um dos principais argumentos para alavancagem é velocidade. A lógica diz que os times devem se basear no trabalho de seus colegas e não dedicar o tempo reinventando a roda. Todavia, às vezes, permitir que times potencialmente dupliquem áreas ou procedam mais devagar em nome da autonomia é simplesmente um custo de empoderamento aceito e reconhecido. Outras vezes, a viabilidade do negócio depende desta alavancagem.

Importância da Integração

Em algumas empresas, o portfólio é um conjunto de produtos relacionados, mas amplamente independentes no qual integração e alavancagem é menos importante. Em outras empresas, o portfólio é um conjunto de produtos altamente integrados no qual a alavancagem de integração é crucial. Isso se resume a se o time deve otimizar para sua solução específica ou otimizar para a empresa como um todo.

Fonte de Inovação

Se as principais fontes de inovação do futuro são necessárias no nível de fundação, então haverá a necessidade de mais liberdade para os times revisitarem componentes centrais. Se as principais fontes de inovação devem estar no nível da solução, então a empresa precisa encorajar menos revisitação da fundação e, em vez disso, pôr em evidência a criatividade nas inovações no nível de aplicação.

Locais e Tamanho da Empresa

Vários dos problemas com a autonomia surgem por causa dos problemas de escala. Conforme as empresas crescem e especialmente conforme as empresas têm times em locais dispersos, a alavancagem se torna tanto mais importante quanto mais difícil. Algumas empresas tentam lidar com isso com o conceito de *centro de excelência* no qual a alavancagem é focada em times em um local físico. Outras tentam papéis holísticos mais fortes. Contudo, outras adicionam processo.

Cultura da Empresa

É importante também reconhecer o papel que uma ênfase na autonomia versus direcionamento atua na cultura do time. Quanto mais no espectro a empresa se move em direção ao direcionamento, mais pode ser percebido pelos times como uma redução do nível de autonomia. Isso pode ser aceitável para os times de nível B e C, porém, mais problemático para os times de nível A.

Maturidade da Tecnologia

Um problema frequente é tentar padronizar em uma fundação comum prematuramente. A fundação ainda não está pronta para a "hora do show", no sentido da alavancagem que foi estruturada para fornecer. Se você pressionar muito na alavancagem antes de a fundação estar pronta, você pode prejudicar verdadeiramente os times que estão contando com esta fundação. Você construirá um castelo de cartas que pode colapsar a qualquer momento.

Importância para o Negócio

Assumindo que a fundação é sólida, existirá provavelmente mais risco de um time não alavancar essa fundação. Isso poderia ser ótimo para algumas áreas, mas com produtos ou iniciativas que são negócios cruciais, isso se torna uma questão de quais batalhas escolher.

Nível de Responsabilidade

Um outro fator é o nível de responsabilidade que acompanha o empoderamento e a autonomia. Se não existir nível de prestação de contas — e especialmente, se você não tiver fortes times A — há pouco motivo para os times se estressarem com estas decisões. Mas você *quer* que os times se estressem durante estas decisões. Se eu acredito que o time é forte e ele entende totalmente as consequências e riscos e ainda assim sente que precisa substituir um componente-chave da fundação, então eu tendo a ficar do lado desse time.

Como se pode ver, não existe falta de considerações na decisão entre autonomia e a alavancagem da fundação. Mas acho que, se você discutir estes tópicos abertamente, muitos times serão razoáveis. Às vezes, apenas algumas perguntas sobre as implicações podem ajudar os times a tomar melhores decisões referentes a esta troca.

Se você achar que os times estão consistentemente tomando decisões ruins sobre este aspecto, pode ser que você precise considerar o nível de experiência das pessoas do time, mas, muito provavelmente, os times estão perdendo o contexto geral do negócio.

(continua)

(continuação)

O contexto crucial consiste de duas coisas:

1. A visão geral do produto
2. Os objetivos específicos do negócio atribuído a cada time

Discutiremos sobre estes tópicos chave nos próximos capítulos. Problemas surgem se a liderança não proporcionar clareza nestas duas partes cruciais do contexto. Se ela não o fizer, existe um vácuo e isso leva à real ambiguidade sobre o que um time pode decidir e o que ele não pode.

Note que, enquanto a visão de produto e os objetivos do negócio específicos do time são fornecidos para o time pela liderança como parte do contexto, nada é dito sobre como de fato resolver os problemas que lhe são atribuídos. É aí que reside a autonomia e flexibilidade do time.

CAPÍTULO

21

Perfil: Lea Hickman da Adobe

Para startups ou empresas menores, frequentemente, tudo o que é necessário é um time forte de produto com um forte CEO orientado a produto ou gerente de produto. Mas, em empresas maiores, geralmente é necessário mais do que isso. É necessário uma forte *liderança de produto*, no melhor sentido da palavra, incluindo o fornecimento de uma estratégia e visão de produto persuasiva.

Uma das tarefas absolutamente mais difíceis em nossa indústria é tentar causar mudança drástica em uma empresa financeiramente bem-sucedida e grande. É mais fácil, em várias formas, se a empresa estiver em sérias dificuldades e sentindo uma grande dor, pois essa dor pode ser usada para motivar a mudança.

É claro, grandes empresas querem ser disruptivas antes de as outras fazerem isso com elas. A diferença entre Amazon, Netflix, Google, Facebook e as legiões de grandes empresas que estão morrendo lentamente é geralmente e exatamente isso: liderança de produtos.

Em 2011, Lea Hickman liderou produtos para a Creative Suite da Adobe. Lea tinha passado vários anos na Adobe ajudando a desenvolver um negócio bem-sucedido e muito grande — na ordem de US$2 bilhões em faturamento de licença anual — com sua Creative Suite para desktop.

Mas Lea sabia que o mercado estava mudando e que a empresa precisava mudar do antigo modelo centrado em desktop e de atualização anual para um modelo baseado em assinatura dando suporte a todos os dispositivos que os designers estavam agora usando — incluindo tablets e celular em todos os seus vários formatos.

Uma das tarefas absolutamente mais difíceis em nossa indústria é tentar causar mudança drástica em uma empresa financeiramente bem-sucedida e grande.

De forma geral, Lea sabia que o modelo de atualização estava pressionando a empresa a levar o produto em direções que não eram boas para os clientes da Adobe e nem boas a longo prazo para a Adobe. Mas uma mudança desta magnitude — o faturamento da Creative Suite foi de aproximadamente metade do total de US$4 bilhões do faturamento anual da Adobe — é extremamente difícil.

Perceba que cada osso e músculo no corpo corporativo trabalha para proteger esse faturamento. Assim, uma transição desta magnitude significa pressionar a empresa muito fora de sua zona de conforto. Finanças, jurídico, marketing, vendas, tecnologia — poucas áreas na empresa não seriam afetadas.

Você pode começar com as típicas preocupações:

O time de finanças estava muito preocupado com as consequências de mudança do faturamento de um modelo de licença para um modelo de assinatura.

Os times de engenharia estavam preocupados com a mudança de um modelo com séries de lançamento de dois anos para entrega e desenvolvimento contínuo, especialmente com relação à garantia de qualidade. Eles estavam também preocupados porque a responsabilidade para disponibilizar o serviço agora seria muito mais alta.

O lado das vendas esperava que esta transição mudaria a forma como os produtos da Creative Suite eram vendidos. Em vez de um grande canal de revendedor, a Adobe agora teria um relacionamento direto com seus clientes. Embora várias pessoas na Adobe geralmente esperassem ansiosamente por esta mudança, a área de vendas sabia que isso era arriscado porque, se as coisas não funcionassem bem, os canais provavelmente não perdoariam.

E não subestime as alterações emocionais — tanto para os clientes quanto para o time de vendas — da mudança de ser dono de um software para pagar pelo acesso de um software.

Com mais de um milhão de clientes da atual Creative Suite, Lea entendeu a curva de adoção da tecnologia e que um segmento de base do cliente resistiria fortemente a uma mudança desta magnitude. Lea entendeu que não se tratava apenas da possibilidade de a nova Creative Suite ser *melhor*, ela também seria *diferente* em alguns aspectos significativos. Algumas pessoas precisariam de mais tempo para digerir esta mudança do que outras.

Perceba também que a Creative Suite é como o nome sugere, uma *suite* de aplicações integrada — 15 principais e vários utilitários menores. Assim, isso significava que não apenas um produto tinha que se transformar, mas a suite completa precisava se transformar, o que drasticamente aumentou o risco e complexidade. É de se admirar que poucas empresas estejam dispostas a abordar uma transformação de produto desta magnitude.

Lea sabia que ela tinha um trabalho difícil na frente dela e de seus times. Ela percebeu que, para todas estas peças inter-relacionadas se moverem juntas paralelamente, precisava articular claramente uma visão persuasiva do novo todo como maior do que a soma das partes.

Lea trabalhou com o então CTO da Adobe, Kevin Lynch, para juntar alguns protótipos persuasivos mostrando o poder desta nova fundamentação e usou isso para reunir times de produtos e executivos.

Lea então iniciou uma constante e exaustiva campanha para se comunicar continuamente com os líderes e pessoas-chave na empresa inteira. Para Lea, não existia algo semelhante à comunicação excessiva. Um fluxo contínuo de protótipos ajudou a manter as pessoas animadas com o que este novo futuro traria.

Por causa do tremendo sucesso da Creative Cloud — enquanto escrevo este livro, a Adobe gerou mais de US$1 bilhão em faturamento recorrente mais rapidamente do que qualquer um —, a Adobe descontinuou novos lançamentos da Creative Suite para desktop para focar sua inovação na nova fundação. Hoje, mais de 9 milhões de profissionais criativos assinam a Creative Cloud e dependem dela. Graças, em grande parte, a esta transição, a Adobe mais do que *triplicou* o capital de mercado que tinha antes da transição. Hoje a empresa vale US$60 bilhões.

É fácil ver como grandes empresas com muito faturamento em risco hesitariam fazer mudanças que elas precisam não só para sobreviver, mas para ter êxito. Lea abordou estas preocupações e foi mais direta com uma estratégia e visão persuasiva clara e comunicação contínua para vários stakeholders.

Este é um dos exemplos mais impressionantes, quase sobre-humano, que eu conheço de um líder de produto direcionando uma mudança significativa e massiva em uma grande empresa consolidada. Não há dúvida em minha mente de que a Adobe não estaria onde está hoje sem alguém como Lea trabalhando incansavelmente para direcionar esta mudança.

E eu estou muito feliz em dizer que hoje Lea é sócia no Silicon Valley Product Group, ajudando outras organizações a passar pela transformação para as modernas práticas de produtos.

PARTE

III

O Produto Certo

Na Parte Dois, consideramos as pessoas — analisando a estrutura e funções de fortes equipes de produtos. Na Parte Três, vamos explorar como determinar no que a equipe de produtos deve trabalhar.

Roadmap de Produto

Visão Geral

Agora que temos fortes equipes de produtos, precisamos responder esta pergunta fundamental: No que nossa equipe de produtos deve trabalhar?

Para muitas empresas (especialmente aquelas descritas no Capítulo 6, "As Causas Raízes de Iniciativas de Produtos Fracassados"), os times não têm que se preocupar muito com essa questão porque geralmente recebem um guia no qual devem trabalhar na forma de um roadmap de produto.

Um dos temas-chave deste livro é focar o *resultado* e não *entregas*. Perceba que os típicos roadmaps de produto são todos sobre *entregas*. Contudo, bons times devem entregar *resultados de negócios*.

No mundo de produto, o roadmap de produto tem quase sempre a mesma definição, mas existem algumas variações. Eu defino *roadmap de produto* como uma *lista priorizada de funcionalidades e projetos* em que a sua equipe é demandada a trabalhar. Estes roadmaps de produto são geralmente feitos trimestralmente, mas às vezes eles são apenas para os próximos três meses e algumas empresas fazem roadmaps de produto anuais.

Em alguns casos, o roadmap do produto vem da gestão (geralmente referido como um *roadmap definido pelos stakeholders*) e às vezes o roadmap vem do gerente de produto. Eles geralmente não incluem pequenas coisas como bugs e otimizações, mas normalmente contêm as funcionalidades e projetos solicitados e grandes esforços de múltiplas equipes frequentemente chamados de *iniciativas*. E tipicamente incluem prazos ou, no mínimo, períodos para a previsão de lançamento de cada item.

Típicos roadmaps são a causa raiz de muito desperdício e esforços fracassados em empresas de produtos.

A gestão sabe que muitas partes da empresa precisam de coisas da área de produto. Contudo, nós raramente temos times suficientes para poder fazer tudo que é necessário. Logo, a gestão pode ajudar a mediar esta batalha sobre recursos limitados. É nisso que roadmaps guiados por stakeholders são especialmente comuns.

A gestão tem razões justas para querer roadmaps de produto:

- Primeiro, eles querem ter certeza de que você está trabalhando nas coisas de mais alto valor primeiro.
- Segundo, eles estão tentando administrar um negócio, o que significa que eles precisam planejar. Eles querem saber quando as principais funcionalidades serão lançadas, assim eles podem coordenar ações de marketing, contratação da força de vendas, parcerias, etc.

Estes são os desejos razoáveis. Contudo, os típicos roadmaps são a causa raiz de muito desperdício e esforços fracassados em empresas de produtos.

Vamos explorar o motivo pelo qual roadmaps de produto são um problema e depois vamos considerar as alternativas.

CAPÍTULO

22

Os Problemas com Roadmaps de Produto

Mesmo com as melhores das intenções, roadmaps de produto tipicamente levam a resultados de negócios muito ruins. Eu me refiro às razões para isso como as duas verdades inconvenientes sobre produto.

A primeira verdade inconveniente é que, no mínimo, metade das nossas ideias de produto não vão dar certo. Existem várias razões para isso.

Às vezes, os clientes simplesmente não estão animados com esta ideia como nós, então eles escolhem não usar ou não comprar (o *valor* não é percebido). Esta é a situação mais comum.

Às vezes, eles realmente querem usá-lo e tentam, mas é tão complicado que é mais um transtorno que não vale a pena, o que rende o mesmo resultado — os usuários não o usam (a *usabilidade* não é boa).

Às vezes, o problema é que os clientes poderiam ter adorado, mas seu desenvolvimento se mostra muito mais complicado do que pensávamos e simplesmente não podemos arcar com o tempo e custo para entregar (não há *viabilidade técnica*).

E, às vezes, o problema é que encontramos sérias limitações de negócio, financeiros ou jurídicos que bloqueiam o lançamento da solução (a *viabilidade de negócio* não existe).

> *O problema é que, sempre que você coloca uma lista de ideias em um documento intitulado "roadmap", não importa quantas ressalvas você coloca nele, as pessoas na empresa interpretarão os itens como um compromisso.*

Se isso não for ruim o bastante, a segunda verdade inconveniente é que, mesmo com as ideias que realmente provam serem valiosas, utilizáveis, viáveis tecnicamente e para o negócio, tipicamente são necessárias *várias iterações* para preparar a execução desta ideia até o ponto em que ela entregue o valor de negócio esperado que a gestão estava desejando. Isso é frequentemente referido como *tempo é dinheiro.*

Na minha experiência, simplesmente não existe fuga destas verdades inconvenientes. E tive a oportunidade de trabalhar com várias equipes de produtos genuinamente excepcionais. A diferença é como os times de produto lidam com estas verdades.

Times fracos apenas se arrastam pelo roadmap ao qual foram designados mês após mês. E quando algo não funciona — o que é frequente —, primeiro culpam o stakeholder que exigiu/pediu o recurso e então tentam encaixar uma outra iteração no roadmap ou sugerem um redesign ou um conjunto de finalidades diferentes que esperam que resolva o problema dessa vez.

Se têm tempo e dinheiro suficientes, podem, por fim, chegar lá, contanto que a gestão não fique sem paciência primeiro (um *grande* se).

Em contraste, times fortes de produto entendem estas verdades e as aceitam em vez de negá-las. Eles são muito bons ao atacar rapidamente os riscos (não importa onde essa ideia se originou) e rápidos ao iterar para uma solução eficaz. É disso que se trata a descoberta de produto e é por isso que eu vejo descoberta de produto como a competência central mais importante de uma empresa de produto.

Prototipar e testar ideias com usuários, clientes, engenheiros e stakeholders de negócio em horas e dias — em vez de em semanas e meses — muda a dinâmica e, o mais importante, os resultados.

Vale a pena pontuar que o problema não é a lista de ideias no roadmap. Se fossem apenas ideias, não haveria muito prejuízo nisso. O problema é que, sempre que você coloca uma lista de ideias em um documento intitulado de "roadmap", não importa quantas ressalvas você coloca nele, as pessoas na empresa interpretarão os itens como um compromisso. E esse é o ponto crucial do problema, porque agora você está comprometido com o desenvolvimento e entrega dessa coisa, mesmo que ela não resolva o problema subjacente.

Não interprete mal. Às vezes, nós realmente precisamos nos comprometer com uma entrega em uma data. Tentamos minimizar esses casos, mas existem sempre alguns. Mas precisamos fazer o que é chamado de um *compromisso de alta integridade*. Isso será discutido em detalhe mais tarde, mas a lição principal aqui é que precisamos resolver o problema subjacente, não apenas entregar uma funcionalidade.

CAPÍTULO

23

A Alternativa para Roadmaps

Neste capítulo, descrevo a alternativa para o roadmap de produto. É um grande tópico e toca em problemas além dos roadmaps de produto, como cultura do produto, moral, empoderamento, autonomia e inovação. Mas minha expectativa é introduzir os fundamentos aqui e fornecer os detalhes nos capítulos a seguir.

Todavia, antes de falarmos sobre a alternativa, precisamos nos lembrar que roadmaps existem há tanto tempo porque servem dois propósitos e essas necessidades não desaparecem:

- O primeiro propósito é que a gestão da empresa quer se certificar de que essas equipes estão trabalhando nos itens de negócio de mais alto valor primeiro.
- O segundo propósito é que, como estão tentando gerenciar um negócio, existem casos em que precisam assumir compromissos baseados em datas, e acompanham esses compromissos no roadmap (embora a maioria das empresas raramente confie nas datas fornecidas).

Então, para ser aceita em muitas empresas, qualquer abordagem alternativa a roadmaps deve abordar estas necessidades no mínimo como são abordadas hoje.

No modelo de times de produto empoderados em que este livro é baseado, os times têm as habilidades necessárias para descobrir as melhores formas de resolver os problemas de negócio específicos atribuídas a elas. Mas, para isso acontecer, não é suficiente ter boas pessoas munidas com técnicas e ferramentas modernas. As equipes de produtos precisam ter o *contexto de negócio* necessário. Elas precisam ter um sólido entendimento de para onde a empresa está caminhando e precisam saber como seu time, em específico, deve contribuir para o propósito maior.

Para empresas de tecnologia, existem dois componentes principais que fornecem este contexto de negócio:

1. **A visão e estratégia do produto.** Descreve o quadro geral do que a organização como um todo está tentando realizar e qual é o plano para alcançar essa visão. Cada uma de nossas equipes de produtos podem ter suas próprias áreas de foco (por exemplo, equipes de compradores e equipes de vendedores), mas tudo isso deve se unir para alcançar a visão do produto.
2. **Os objetivos de negócio.** Descreve os objetivos priorizados e específicos para cada time de produto.

A ideia por trás dos objetivos do negócio é bastante simples: conte ao time o que você precisa que eles realizem e como os resultados serão medidos, e deixe o time descobrir a melhor forma de resolver os problemas.

Considere este exemplo de um objetivo de negócio e um dos resultados--chave mensuráveis. Suponha que, atualmente, sejam necessários 30 dias para um novo cliente estar habilitado a usar seu produto. Mas, a fim de escalar eficazmente, a gerência acredita que isso precisa ser reduzido para 3 horas ou menos.

Esse é um bom exemplo de um objetivo do negócio para uma ou mais equipes de produtos: "Reduzir drasticamente o tempo que leva para um novo cliente estar habilitado." E um dos resultados-chave mensuráveis seria "Tempo para habilitar o novo cliente em média menor que 3 horas".

Descreverei muito mais a visão e estratégia do produto — e objetivos de negócio — nos capítulos seguintes. Por ora, quero enfatizar o quão importante é todos os times de produto saberem como o seu trabalho contribui para um objetivo maior e o que a empresa precisa que eles foquem imediatamente.

É responsabilidade da gestão fornecer os objetivos específicos de negócio que cada equipe de produtos precisa abordar.

Anteriormente, eu disse que nós precisávamos reconhecer os dois fatores para roadmaps de estilo convencionais. O primeiro é o desejo de trabalhar primeiramente nos itens de maior valor de negócio.

No modelo que estou descrevendo, é responsabilidade da gestão fornecer os objetivos específicos de negócio que cada equipe de produtos precisa abordar. A diferença é que agora priorizam os *resultados de negócio*, em vez de ideias de produto. E, sim, é um pouco irônico que às vezes nós precisemos convencer a gestão para focar nos resultados de negócio.

O segundo fator é a necessidade ocasional de se comprometer a uma data inflexível. Nós abordamos isso como o conceito de *compromissos de alta integridade*, usado para aquelas situações em que precisamos nos comprometer a uma data ou entrega específica.

Existem vários benefícios para esta forma de trabalhar:

- Primeiro, as equipes ficam muito mais motivadas quando são livres para resolver o problema da forma em que acreditam. É a coisa do missionário versus mercenário de novo. Além do mais, as equipes estão na melhor posição para resolver estes problemas.
- Segundo, a equipe não está livre apenas por entregar um projeto ou funcionalidade exigida. O recurso deve *resolver o problema de negócio* (conforme medido pelos resultados-chave). Do contrário, o time precisa tentar uma abordagem diferente para a solução.

- Terceiro, não importa de onde a ideia para a solução veio ou o quão esperta essa pessoa é, muito frequentemente a abordagem inicial não funciona. Em vez de fingir que este não é o caso, este modelo aceita essa possibilidade.

É tudo sobre *resultado* em vez de entregas.

Há alguns times de produto por aí que modificaram seu roadmap de produto para que cada item seja estabelecido como um *problema de negócio para resolver*, em vez de funcionalidade ou projeto que possa ou não resolver isso. Estes são chamados de *roadmaps baseados em resultado.*

Em geral, quando os vejo, fico muito feliz, porque sei que as equipes de produtos estão se intensificando para resolver os problemas de negócio em vez de desenvolver funcionalidade. Roadmaps baseados em resultados são essencialmente equivalentes a usar um sistema baseado em objetivos como o sistema OKR. É mais o formato que é diferente, não tanto o conteúdo.

Existe uma tendência, todavia, com roadmaps baseados em resultados, de colocar um prazo em cada item, em vez de somente nos itens com um limite de data real. Esta prática pode ter implicações culturais e de motivação para o time.

Compromissos de Alta Integridade

Em muitos times ágeis, quando você menciona a palavra "compromissos" (como saber o que você vai lançar e quando isso acontecerá), recebe reações que variam desde afastamento a negação.

É uma luta constante entre executivos e stakeholders que estão tentando gerir o negócio (com planos de contratação, dinheiro para programa de marketing, parcerias e contratos dependendo dos resultados e datas específicas) e a equipe de produtos, que está compreensivelmente relutante com o compromisso de datas e produtos. Elas ficam relutantes quando ainda não entendem o que precisam entregar e se dará certo em termos de entrega dos resultados de negócio necessários, além de não saber quanto custará porque também não sabem a solução.

Por trás de tudo isso, há uma lição que os times de produto têm dificuldade de aprender: várias das ideias não funcionarão como esperamos e as que poderiam funcionar tipicamente levarão várias iterações para chegar ao ponto em que elas mudam a situação o suficiente para serem consideradas um sucesso do negócio.

É uma luta constante entre executivos e stakeholders que estão tentando gerir o negócio e a equipe de produtos, que está compreensivelmente relutante com o compromisso de datas e produtos.

Em um ambiente de software customizado, pode ser que você consiga iterar até que a empresa esteja satisfeita (ou desista dele). Em uma empresa de produtos, isso não ocorrerá.

Não me leve a mal — você acabou de ficar sabendo como me sinto em relação aos perigos de roadmaps convencionais. Boas empresas de produtos minimizam esses compromissos. Mas existem sempre alguns compromissos reais que precisam ser assumidos a fim de fazer funcionar eficazmente uma empresa.

Então, o que fazer?

A chave é entender que a causa de todo este descontentamento sobre compromissos é *quando* estes compromissos são assumidos. Eles são assumidos muito cedo. Eles são assumidos antes de sabermos se podemos cumprir com esta obrigação e, ainda mais importante, se o que nós entregarmos resolverá o problema do cliente.

No processo contínuo de descoberta e entrega de produto, o trabalho de descoberta é questão de responder estas perguntas antes de gastarmos tempo e dinheiro para desenvolver produtos de qualidade em produção.

Então, gerenciamos compromissos com um pouco de reciprocidade.

Pedimos aos executivos e nossos outros stakeholders para nos darem um pouco de tempo na descoberta de produto para investigar a solução necessária. Precisamos de tempo para validar essa solução com os clientes para garantir que ela tenha usabilidade e valor necessário, com engenheiros para garantir sua viabilidade e com nossos stakeholders para garantir que ela seja viável para nosso negócio.

Uma vez que criamos uma solução que funciona para nosso negócio, podemos assumir um compromisso de alta integridade e embasado sobre quando podemos entregar e por quais resultados de negócio podemos esperar.

(continua)

(continuação)

Note que nossos gerentes de entrega são a chave para determinar quaisquer datas de compromisso. Apenas porque seus engenheiros poderiam acreditar que algo poderia levar somente duas semanas para ser desenvolvido e entregue. Mas se essa equipe já estiver ocupada com outro trabalho e não puder iniciar neste trabalho por mais de um mês? Os gerentes de entrega acompanham estes compromissos e dependências.

Então, o compromisso é simples. O time de produto pede um pouco de tempo para fazer a descoberta de produto antes de os compromissos serem assumidos e, então, após a descoberta, nós estamos dispostos a nos comprometermos com datas e resultados, logo, nossos colegas podem fazer eficazmente seus trabalhos também.

Novamente, em boas empresas estes tipos de compromissos são minimizados, mas existem sempre alguns. É importante para a área de produto se sentir confortável ao assumir estes compromissos de alta integridade e explicar para a empresa que, embora não seja algo que fazemos frequentemente, quando o fazemos, eles podem depender do cumprimento do time de produto nestes compromissos.

Visão de Produto

Visão Geral

Nesta seção, discuto a importância de uma visão de produto inspiradora e convincente e quão crítico é o papel da estratégia de produto na entrega da visão de produto.

CAPÍTULO

24

Visão e Estratégia de Produto

A Visão de Produto

A *visão de produto* descreve o futuro que nós estamos tentando criar, algo entre dois ou cinco anos no máximo. Para empresas especializadas em dispositivo ou hardware, cinco ou dez anos no máximo.

Note que isso não é o mesmo que a declaração de missão da empresa. Exemplos de declarações de missão são "organizar as informações do mundo" ou "fazer do mundo um lugar mais aberto e conectado" ou "possibilitar qualquer um em qualquer lugar a comprar qualquer coisa a qualquer momento". Declarações de missão são úteis, mas elas não dizem nada sobre como nós planejamos a realização disso. É para isso que a visão de produto serve.

Note também que a visão não é em nenhum sentido uma especificação. É principalmente uma peça persuasiva que pode ser no formato de um *storyboard*, uma narrativa como um white paper ou um tipo especial de protótipo chamado de *visiontype*.

Seu objetivo principal é comunicar esta visão e inspirar as equipes (e stakeholders, investidores, parceiros e, em vários casos, futuros clientes) a quererem ajudar a fazer desta visão uma realidade.

Seu objetivo principal é comunicar esta visão e inspirar as equipes (e stakeholders, investidores, parceiros e, em vários casos, futuros clientes) a quererem ajudar a fazer desta visão uma realidade.

Quando bem feita, a visão de produto é uma das nossas ferramentas de recrutamento mais eficazes e serve para motivar as pessoas nos seus times a trabalhar todos os dias. Ótimas pessoas de tecnologia são atraídas por uma visão inspiradora — elas querem trabalhar em algo significativo.

Você pode testar a visão de certa forma, mas não é o mesmo que testar soluções específicas que nós fazemos em descoberta de produto. Honestamente, aceitar e conceber uma visão envolve sempre um voto de confiança. Você provavelmente não sabe como, ou mesmo se, será capaz de cumprir a visão. Mas lembre-se de que você tem vários anos para descobrir as soluções. Neste estágio, você deve acreditar que ela é uma busca que vale a pena.

A Estratégia de Produto

Umas das mais básicas de todas as lições de produto é que tentar satisfazer todos ao mesmo tempo será quase que certamente não satisfazer ninguém. Então, a última coisa que devemos fazer é embarcar em um gigantesco esforço plurianual para criar um lançamento que tenta cumprir a visão de produto.

A *estratégia de produto* é a sequência de produtos ou lançamentos que planejamos entregar até alcançar a visão de produto.

Estou usando a expressão "produtos ou lançamentos" aqui superficialmente. Poderiam ser versões diferentes do mesmo produto, uma série de produtos relacionados ou diferentes ou algum outro conjunto de marcos significativos.

Para muitos tipos de negócios, eu encorajo times a construir a estratégia de produto em torno de uma série de encaixe produto/mercado. Existem muitas variações (a estratégia para a estratégia de produto, se você preferir).

Para empresas que focam em produtos para empresas, você poderia ter cada foco de encaixe de produto/mercado em um mercado vertical diferente (por exemplo, serviços de finanças, fabricação, automotivo).

Não existe uma única abordagem à estratégia de produto que seja ideal para todos e você nunca saberá como as coisas poderiam ter ido se você tivesse estruturado seu trabalho de produto de outra maneira. Eu digo para os times que o benefício mais importante é justamente que você decidiu focar seu trabalho de produto em um único público-alvo por vez.

Para empresas focadas em produtos para consumidores, nós frequentemente estruturamos cada encaixe de produto/mercado em torno de uma persona de usuário ou clientes diferentes. Por exemplo, um serviço relacionado à educação poderia ter uma estratégia que seleciona alunos de ensino médio primeiro, depois alunos de faculdade e então aqueles que já estão trabalhando, mas que querem aprender novas habilidades.

Às vezes, a estratégia de produto é baseada na geografia: abordamos diferentes regiões do mundo em uma sequência intencional.

E, às vezes, a estratégia de produto é baseada no alcance de um conjunto de marcos principais em algum tipo de ordem importante e lógica. Por exemplo, "primeiro entregar funcionalidade de avaliações e classificação para desenvolvedores construírem aplicativos de e-commerce; depois, alavancar os dados gerados deste uso para criar um banco de dados da confiança do consumidor no produto; e então alavancar estes dados para recomendações de produto avançadas".

Não existe uma única abordagem à estratégia de produto que seja ideal para todos e você nunca saberá como as coisas poderiam ter ido se você tivesse estruturado seu trabalho de produto de outra maneira. Eu digo para os times que o benefício mais importante é justamente que você decidiu focar seu trabalho de produto em um único público-alvo por vez. Então, por exemplo, todas as equipes sabem que nós estamos abordando o mercado de fabricantes agora e esse é o tipo de clientes por quem nós somos obcecados. Nossa meta é criar o menor produto entregável que torne estes fabricantes bem-sucedidos. Ideias que surgem para que pertençam a outros tipos de clientes ou mercados são guardadas para futuras considerações.

Além de aumentar significativamente sua chance de entregar algo que possa empoderar seu negócio, a estratégia de produto agora dá a você uma ferramenta para alinhar seu trabalho de produto com suas áreas de marketing e vendas.

A diferença entre visão e estratégia é análoga à diferença entre boa liderança e boa gestão. A liderança inspira e define a direção e a gestão nos ajuda a chegar lá.

Queremos que a organização venda em mercados onde demonstramos encaixe de produto/mercado. Assim que o demonstrarmos para um novo mercado (geralmente ao desenvolver um grupo inicial de clientes de referência), queremos que a força de vendas encontre o máximo possível de clientes adicionais nesse mercado.

Vamos voltar ao conceito de fornecer contexto para os times de produto.

Para um time de produto ser empoderado e agir com qualquer significativo grau de autonomia, ele deve ter um profundo entendimento do contexto mais abrangente. Isso começa com uma clara e persuasiva *visão de produto* e o caminho para alcançar essa visão é a *estratégia de produto.*

Quanto mais times de produto você tiver, tanto mais essencial é ter essa estratégia e visão unificadas para que cada time possa fazer boas escolhas.

E, apenas para ficar claro, a ideia não é que todo time de produto tenha sua própria visão de produto. Isso perderia o foco. A ideia é que nossa *organização* tenha uma visão de produto e que todos os times de produto nessa organização estejam ajudando a contribuir para fazer desta visão uma realidade.

É claro que, em organizações muito grandes, enquanto a declaração de missão poderia se aplicar à empresa toda, é provável que cada unidade de negócio tenha sua própria visão de produto e estratégia.

A diferença entre visão e estratégia é análoga à diferença entre boa liderança e boa gestão. A liderança *inspira* e define a direção e a gestão *nos ajuda a chegar lá.*

O mais importante, a visão de produto deve ser *inspiradora* e a estratégia de produto deve ser *focada*.

Priorizando Mercados

Em termos de priorização de mercados, tudo que eu disse acima foi que devemos priorizar os mercados e focar um de cada vez. Não disse *como* priorizá-los. Não existe uma forma certa de fazer isso, mas existem três fatores para sua decisão:

- O primeiro é o tamanho de mercado, geralmente referido como *mercado total* (TAM). Todos os fatores se mantendo iguais, nós gostamos de grandes mercados em relação a pequenos mercados. Mas, é claro, eles não são iguais. Se o maior mercado exigisse dois anos de trabalho de produto, ainda assim vários mercados ligeiramente menores, mas ainda significativos estão muito mais perto em termos de time-to-market, muito provavelmente todos em sua empresa, do CEO e head de vendas para baixo, prefeririam que você entregasse mais rápido para um mercado menor.
- O segundo fator diz respeito à distribuição, geralmente referido como *go-to-market* (GTM). Diferentes mercados podem exigir diferentes canais de vendas e estratégias go-to-market. Novamente, ainda que o mercado seja maior, se ele exigisse um novo canal de vendas, então muito provavelmente nós todos priorizaríamos um mercado ligeiramente menor que pudesse alavancar nossos canais de vendas existentes.
- O terceiro fator é uma estimativa (muito aproximada) de quanto tempo isso levará, referido como *tempo até a entrega para o mercado* (TTM).

Estes são geralmente os três fatores dominantes para priorização de seus mercados, mas outros podem ser importantes também. Eu tipicamente sugiro que o head de produtos, o head de tecnologia e o head de marketing de produtos se reúnam para trabalhar sua estratégia de produto, equilibrando estes vários fatores.

CAPÍTULO

25

Princípios da Visão de Produto

Estes são os 10 princípios-chave para se ter uma visão eficaz de produto.

1. **Comece pelo *porquê*.** Este é coincidentemente o nome de um grande livro sobre o valor da visão de produto de Simon Sinek. A noção central aqui é usar a visão de produto para articular o seu *propósito*. Tudo resulta disso.
2. **Apaixone-se pelo problema, não pela solução.** Espero que você tenha ouvido isso antes, pois já foi dito várias vezes, de várias formas, por várias pessoas. Mas é muito verdade e algo com o qual muitíssimas pessoas de produto têm dificuldades.
3. **Não tenha medo de pensar grande na visão.** Muito frequentemente, vejo visões de produtos que não são ambiciosas o suficiente, o tipo de coisa que podemos ter êxito em seis meses ou um ano, mais ou menos, e não consideráveis o suficiente para inspirar alguém.
4. **Não tenha medo da disrupção porque, se não o fizer, alguém o fará.** Muitas empresas focam seus esforços em proteger o que

Apaixone-se pelo problema, não pela solução.

elas têm em vez de constantemente criar um novo valor para seus clientes.

5. **A visão de produto precisa inspirar.** Lembre-se de que nós precisamos de times de produto de missionários, não mercenários. Mais do que qualquer coisa, é a visão de produto que inspirará a paixão do missionário na organização. Crie algo com que você possa se animar. Você pode fazer qualquer visão de produto significativa, se focar em como você pode ajudar genuinamente seus usuários e clientes.
6. **Determine e adote tendências relevantes e significativas.** Muitas empresas ignoram tendências importantes por tempo demais. Não é muito difícil identificar as tendências importantes. O que é difícil é ajudar a organização a entender como essas tendências podem ser alavancadas pelos seus produtos para resolver problemas de clientes de diversas formas.
7. **Vá para onde as coisas estão caminhando, não para onde elas estavam.** Um importante elemento para visão de produto é a identificação do que está mudando — assim como o que provavelmente não mudará — no período de tempo da visão de produto. Algumas visões de produto são desenfreadamente otimistas e irreais sobre o quão rapidamente as coisas mudarão e outras são excessivamente conservadoras. Este é geralmente o aspecto mais difícil de uma boa visão de produto.
8. **Seja teimoso com a visão, mas flexível nos detalhes.** Esta fala de Jeff Bezos é muito importante. Inúmeras equipes desistem de sua visão de produto cedo demais. Isso geralmente é chamado de *pivot de visão*, mas sobretudo é um sinal de uma fraca organização de produtos. Nunca é fácil, então se prepare para isso. Mas também tenha cuidado para não se prender aos detalhes. É muito possível que você tenha que ajustar o curso para alcançar seu destino desejado. Isso é chamado de *pivot de descoberta* e não existe nada de errado com isso.

> *Seja teimoso com a visão, mas flexível com os detalhes.*

9. **Perceba que qualquer visão de produto é um voto de confiança.** Se você puder realmente validar uma visão, então sua visão provavelmente não é ambiciosa o suficiente. Demorará muitos anos para que você saiba. Então, certifique-se de que esteja trabalhando em algo significativo e recrute pessoas para os times de produto que também se sintam apaixonados por este problema e então esteja disposto a trabalhar por vários anos para entender a visão.
10. **Evangelize contínua e incansavelmente.** Não existe algo como a comunicação excessiva quando se trata de explicar e vender a visão. Especialmente em organizações maiores, não tem como fugir da necessidade de evangelização quase constante. Você descobrirá que pessoas em todos os cantos da empresa ficarão nervosas ou assustadas aleatoriamente com algo que elas veem ou ouvem. Rapidamente tranquilize-as antes que o medo delas contagie os outros.

CAPÍTULO

26

Princípios da Estratégia de Produto

Conforme discutimos previamente, existe uma grande quantidade de abordagens para estratégia de produto, mas *boas* estratégias têm estes cinco princípios em comum:

1. **Foca um mercado-alvo ou persona de cada vez.** Não tente satisfazer todos em um único lançamento. Foque um novo mercado-alvo ou nova persona para cada lançamento. Você descobrirá que o produto ainda provavelmente será útil para outros, mas no mínimo será adorado por alguns e essa é a chave.

2. **Estratégia de produto precisa estar alinhada com estratégia de negócio.** A visão é feita para inspirar a organização, mas a organização finalmente está lá para inventar soluções que cumpram a estratégia de negócio. Então, por exemplo, se essa estratégia de negócio envolver uma mudança na estratégia de monetização ou modelo de negócio, então a estratégia de produto precisa ser alinhada com isso.

> *Seja obcecado por clientes, não por concorrentes.*

3. **Estratégia de produto precisa estar alinhada com estratégia go-to-market e vendas.** Da mesma forma, se nós tivermos um novo canal de marketing e vendas, precisamos garantir que nossa estratégia de produto esteja alinhada com esse novo canal. Um novo canal de vendas ou estratégia go-to-market pode ter impacto profundo em um produto.

4. **Seja obcecado por clientes, não por concorrentes.** Muitas empresas se esquecem completamente da sua estratégia de produto uma vez que encontram um sério concorrente. Elas entram em pânico e então se encontram perseguindo as ações do seu concorrente e não mais focando seus clientes. Não podemos ignorar o mercado, mas se lembre de que os clientes raramente nos trocam por nossos concorrentes. Eles nos deixam porque nós paramos de cuidar deles.

5. **Comunique a estratégia para empresa.** Esta é parte da evangelização da visão. É importante que todas as áreas de negócio parceiras na empresa conheçam os clientes em que nós estamos focados e quais estão planejados para o futuro. Fique especialmente sincronizado com as vendas, marketing, finanças e serviço.

CAPÍTULO

27

Princípios de Produto

Sempre gosto de complementar a visão e a estratégia de produto com um conjunto de princípios de produto.

Onde a visão de produto descreve o futuro que você quer criar e a estratégia de produto descreve seu caminho para o alcance dessa visão, os princípios de produto falam sobre a *natureza dos produtos que você quer criar.*

Os princípios de produto não são uma lista de funcionalidades e não estão amarrados a um lançamento de produto. Eles são alinhados com a visão de produto para uma linha de produto inteira.

Um bom conjunto de princípios pode inspirar algumas funcionalidades de produtos, mas é mais sobre o que a empresa e os times de produtos acreditam ser importante.

Como um exemplo, logo no começo da eBay, descobrimos que precisávamos de um princípio de produto que falasse sobre o relacionamento entre compradores e vendedores. Muito do faturamento vinha dos vendedores, então nós tínhamos um forte incentivo para encontrar formas para satisfazer os vendedores, mas logo percebemos que a real razão de os vendedores nos adorarem era porque fornecíamos compradores a eles. Esta percepção levou a um princípio crucial que estabelecia: "Nos casos em que as necessidades de compradores e vendedores conflitarem, priorizaremos as necessidades do comprador, porque é realmente o que de mais importante podemos fazer pelos vendedores.

É disso que se tratam os princípios. Dá para imaginar como este tipo de princípio ajudaria no design e desenvolvimento de mercado e quantos problemas poderiam ser resolvidos simplesmente mantendo isso em mente.

Onde a visão de produto descreve o futuro que você quer criar e a estratégia de produto descreve seu caminho para o alcance dessa visão, os princípios de produto falam sobre a natureza dos produtos que você quer criar.

A escolha de ir a público com seus princípios depende do seu propósito. Em vários casos, os princípios são simplesmente uma ferramenta para os times de produto. Mas, em outros, os princípios servem como uma clara declaração do que você acredita — destinada para seus usuários, clientes, parceiros, fornecedores, investidores e seus funcionários.

Objetivos de Produto

Visão Geral

Eu fui extremamente feliz de ter começado minha carreira na HP como um engenheiro durante seu auge, quando eles eram conhecidos como exemplo de execução e inovação consistente mais duradouro e bem-sucedido da indústria.

Como parte do programa de treinamento interno em gestão de engenharia chamado de *O Jeito HP*, fui apresentado a um sistema baseado em objetivo de negócio conhecido como MBO — *gestão por objetivos.*

Dave Packard afirmava: "Nenhuma [ferramenta] contribuiu mais para o sucesso Hewlett-Packard. [MBO] é a antítese de gestão pelo controle."

O sistema MBO foi refinado e aprimorado em várias empresas ao longo dos anos, mais notavelmente pelo lendário Andy Grove na Intel. Hoje, o principal sistema de gestão de objetivo de negócio que nós usamos é conhecido como o sistema OKR — *objetivos e resultados-chave.*

John Doerr trouxe a técnica da Intel para um muito jovem Google. E algumas décadas depois que Dave Packard atribuiu muito do sucesso da HP à MBO, Larry Page disse essencialmente a mesma coisa sobre a importância do processo OKR no sucesso do Google.

O conceito é simples e baseado em dois princípios fundamentais:

1. O primeiro pode ser facilmente lembrado com a citação do famoso general George Patton que mencionei anteriormente: "Nunca diga às pessoas como fazer as coisas. Diga a elas o que fazer e elas surpreenderão você com sua engenhosidade."
2. O segundo foi capturado do slogan da HP dessa época: "Quando o desempenho é medido por resultados." A ideia aqui é que você possa lançar todas as funcionalidades que quiser, mas se isso não resolver o problema de negócio subjacente, você na verdade não resolveu nada.

O primeiro princípio é fundamentalmente sobre como empoderar e motivar pessoas para convencê-las a fazer o melhor trabalho delas e o segundo é sobre como medir significativamente o progresso.

Muito mudou na nossa indústria ao longo dos anos, mas estes dois princípios fundamentais de gestão ainda são a base de como as melhores equipes e empresas de tecnologia operam.

Embora existam várias ferramentas e sistemas utilizáveis para gerenciamento destes objetivos de negócio, neste livro focarei a técnica do sistema OKR. Muitas das maiores empresas de tecnologias bem-sucedidas o vêm usando por vários anos agora. Parece ter atingido algum tipo de ponto crítico e está agora se espalhando globalmente.

O primeiro princípio é fundamentalmente sobre como empoderar e motivar pessoas para convencê-las a fazer o melhor trabalho delas e o segundo é sobre como medir significativamente o progresso.

Apesar de o conceito de objetivos de time soar simples, existem várias formas de institucionalizar isso nas organizações e times de produto. E podem levar alguns trimestres antes de a organização encontrar seu ritmo.

CAPÍTULO

28

A Técnica OKR

A técnica Objetivos e Resultados-Chave (OKR) é uma ferramenta para gestão, foco e alinhamento. Assim como qualquer ferramenta, existem várias formas de usá-la. Os pontos cruciais para você manter em mente ao usar a ferramenta para equipes de produto em organizações de produtos são:

1. Objetivos devem ser qualitativos; resultados-chave precisam ser quantitativos/mensuráveis.
2. Resultados-chave devem medir resultados de *negócio*, não entrega ou tarefas.
3. O resto da empresa utilizará os OKRs de um jeito um pouco diferente, mas a gestão de produtos, design e área de tecnologia focarão os objetivos da *organização* e os objetivos para cada *time de produto*, que são projetados para aumentar e alcançar os objetivos da organização. Não permita que objetivos pessoais ou objetivos funcionais dos times diluam ou confundam o foco.
4. Encontre uma cadência para sua organização (tipicamente, anualmente para objetivos de uma organização e trimestralmente para objetivos de um time).

> *Resultados-chave devem medir resultados de negócios, não entrega ou tarefas.*

5. Mantenha pequeno o número de objetivos e resultados-chave para a organização e para cada time (de um a três objetivos, com um a três resultados-chave é o usual).
6. É crucial que todo time de produto *rastreie seu progresso ativo* com relação a seus objetivos (que é usualmente toda semana).
7. Os objetivos não precisam cobrir tudo o que o time faz, mas eles devem cobrir o que a equipe *precisa realizar*.
8. É importante que, de um jeito ou de outro, times se sintam responsáveis por alcançar seus objetivos. Se eles falharem consideravelmente, vale a pena ter uma análise posterior/retrospectiva com alguns de seus colegas ou gestão.
9. Como uma organização, entre em acordo com relação a como você avaliará ou pontuará seus resultados-chave. Existem diferentes abordagens para isso e é em grande parte um reflexo da sua cultura de empresa. O importante aqui é a consistência na organização, para que os times saibam quando podem depender uns dos outros. É comum definir uma pontuação de 0 (em uma escala de 0 a 1,0) se você essencialmente não progride, 0,3 se você apenas fez o mínimo do mínimo — do que você sabe que você pode alcançar, 0,7 se você realizou mais que o mínimo e realmente fez o que você tinha esperado que você alcançaria e 1,0 se você realmente surpreendeu a você e aos outros com um resultado verdadeiramente excepcional, além do que as pessoas ainda estavam esperando.
10. Estabeleça formas consistentes e muito claras de indicar quando um resultado-chave é na realidade um *compromisso de alta integridade* (descrito anteriormente) em vez de um objetivo normal. Em outras palavras, para muitos resultados-chave, você pode estar aspirando por essa pontuação de 0,7. Mas, para um compromisso de alta integridade, estes são especiais e é mais binário. Você entregou o que prometeu ou não.

11. Seja muito transparente (na organização de tecnologia e produto) em quais objetivos cada time de produto está trabalhando e seu progresso atual.

12. A alta gestão (equipe de executivos e CEO) é responsável pelos objetivos e resultados-chave da organização. Os heads de produtos e tecnologia são responsáveis pelos objetivos do time de produto (e garantir que cumpram os objetivos da organização). Os times de produto individuais são responsáveis por propor os resultados principais para cada objetivo para os quais foram atribuídos. É normal ter um processo de troca a cada trimestre conforme os OKRs são finalizados para cada time e para a organização.

CAPÍTULO

29

Objetivos da Equipe de Produtos

A técnica OKR desfrutou de considerável sucesso, especialmente dentro das empresas de produtos de tecnologia, das grandes às pequenas. E algumas lições muito importantes têm sido aprendidas enquanto equipes e empresas trabalham para aprimorar sua habilidade para executar.

OKRs são uma ferramenta muito abrangente que pode ser usada por qualquer um na organização, em qualquer função ou mesmo para o seu uso na sua vida pessoal. Todavia, assim como qualquer ferramenta, algumas formas de aplicá-las são melhores do que outras.

Do começo ao fim deste livro, enfatizo a importância de uma equipe de produto. Recorde-se que uma equipe de produto é um conjunto *multidisciplinar* de profissionais, tipicamente composta de um gerente de produto, um designer de produto e um pequeno número de engenheiros. Além disso, existem às vezes pessoas adicionais com habilidades especializadas inclusas na equipe, como um analista de dados, um pesquisador de usuário ou engenheiro de automação de teste.

Recorde-se também que cada equipe de produto é tipicamente responsável por alguma parte significativa da oferta de produto ou tecnologia da empresa. Por exemplo, uma equipe de produtos poderia ser responsável pelos apps de celular para motoristas, um outro por apps de celular para passageiros, um outro poderia ser responsável por liderar com segurança em pagamentos, etc.

A chave é que estas pessoas com um conjunto de habilidades diferentes vêm de diferentes departamentos funcionais na empresa, mas elas sentam e trabalham o dia todo — todos os dias — com seu time multidisciplinar para resolver problemas difíceis de tecnologia e negócios.

Não é incomum organizações maiores terem aproximadamente de 20 a 50 times multidisciplinares de produto, cada um responsável por diferentes áreas e cada time de produtos com seus próprios objetivos.

Para empresas que usam o sistema OKR, os problemas que estas equipes são solicitadas a abordar são, conforme é esperado, comunicados e acompanhados por meio dos OKRs da equipe de produto. Os OKRs também ajudam a garantir que cada equipe esteja alinhada com os objetivos da empresa.

Além do mais, conforme uma organização escala, OKRs se tornam uma ferramenta cada vez mais necessária para garantir que cada equipe de produto entenda como contribui para algo muito maior, coordenando trabalho nos times e evitando trabalho duplicado.

É importante entender isso porque, quando as organizações começam a usar OKRs, existe uma tendência comum de que cada departamento *funcional* crie seus próprios OKRs para sua própria organização. Por exemplo, o departamento de design poderia ter objetivos relacionados a mudar para um design responsivo; o departamento de engenharia poderia ter objetivos relacionados ao aprimoramento da escalabilidade e desempenho da arquitetura; e o departamento de qualidade poderia ter objetivos relacionados à automação de lançamento e teste.

O problema é que os membros de cada um destes departamentos funcionais são os membros de uma equipe de produtos multidisciplinar. A equipe de produtos tem objetivos relacionados ao negócio (por exemplo, reduzir o custo de aquisição do cliente, aumentar o número de usuários ativos diários ou reduzir o tempo para um novo cliente estar habilitado a usar o produto), mas cada pessoa na equipe pode ter seu próprio conjunto de objetivos que cascateiam até seu gerente funcional.

Imagine se os engenheiros fossem direcionados a passar seu tempo refazendo a plataforma, os designers mudando para um design responsivo e QA melhorando as ferramentas de testes. Muito embora cada uma destas sejam atividades valiosas, as chances de resolver os problemas de negócio para os quais as equipes multidisciplinares foram criadas para resolver não são altas.

> *Se você empregar OKRs em sua empresa de produto, a chave é focar seus OKRs no nível da equipe de produtos.*

O que frequentemente acontece neste caso é que as pessoas nas equipes de produto estão em conflito em relação a onde elas devem estar gastando o tempo delas. Isso resulta em confusão, frustração e resultados decepcionantes da liderança e também dos colaboradores individualmente.

Mas isso é facilmente evitado.

Se você empregar OKRs em sua empresa de produto, a chave é focar seus OKRs no *nível da equipe de produtos.*

Isto significa não deixar OKRs de indivíduos ou de área funcional confundirem a questão.

Foque a atenção dos indivíduos nos objetivos da equipe de produtos. Se diferentes áreas funcionais (como design, engenharia ou controle de qualidade) têm objetivos maiores (como design responsivo, dívida técnica e automação de teste), eles devem ser discutidos e priorizados no nível da liderança junto com os outros objetivos de negócio e então incorporados nos objetivos relevantes do time de produto.

Note que não é um problema para gerentes das áreas funcionais ter objetivos individuais relacionados a sua organização. Isso porque estas pessoas não estão em conflito, já que elas não estão normalmente trabalhando em uma equipe de produto.

Por exemplo, o head de UX design poderia ser responsável por uma estratégia de migração para um design responsivo; o head de engenharia poderia ser responsável pela entrega de uma estratégia em torno da gestão da dívida técnica; o head de produto poderia ser responsável pela entrega de uma visão de produto; ou o head de QA poderia ser responsável pela seleção de uma ferramenta de automação de teste.

Normalmente, não é um grande problema se colaboradores (como um engenheiro, designer ou gerente de produto em particular) tiverem um pequeno número de objetivos individuais relacionados ao seu crescimento (como aprimorar seu conhecimento de uma tecnologia específica). Isso presume que o indivíduo não está se comprometendo com uma carga que interferirá em sua habilidade de contribuir com sua parte com seu time de produto, o que, naturalmente, é sua responsabilidade principal.

A chave é que o cascateamento dos OKRs em uma empresa de produto precisa ocorrer desde os times de produto multidisciplinares até o nível da unidade de negócio ou empresa.

Produto em Escala

Visão Geral

Discutimos até agora a visão de produto, estratégia e objetivos de negócio. Na verdade, como uma startup em estágio inicial, você pode sobreviver sem nada disso por um tempo. É impressionante o quão longe você pode chegar concentrando-se em atender as necessidades de alguns clientes iniciais.

Todavia, a necessidade desse contexto de visão e objetivo de negócio se torna verdadeiramente séria em escala.

Manter um pequeno número de equipes e seus engenheiros fazendo coisas úteis não é muito difícil, mas obter bons resultados a partir de uma média — ou, especialmente, grande — empresa pode ser verdadeiramente desafiador.

Perceba também que, uma vez que a empresa escalou, os cofundadores originais podem ter saído, então pode muito bem haver um vazio. Equipes precisam deste contexto. É quase impossível que elas tomem boas decisões e façam um bom trabalho sem ele.

Esses problemas aparecem principalmente na forma de moral diminuído, falta de inovação e velocidade reduzida.

CAPÍTULO

30

Objetivos do Produto em Escala

O sistema OKR é muito escalável. Eu argumentaria que algum tipo de ferramenta para gestão e alinhamento de trabalho é crucial para escalar com eficácia, mas também é verdade que várias empresas realmente têm dificuldade em escalar de sua utilização de OKRs.

Neste capítulo, lanço uma luz no que precisamos mudar conforme você utiliza o sistema OKR em escala. Lembre-se de que eu apenas estou falando da área de tecnologia e produto aqui (gestão de produtos, design de experiência de usuários e engenharia) e, embora você possa utilizar as técnicas que estou prestes a descrever em qualquer escala, estou focado aqui em organizações no estágio de crescimento ou consolidadas.

1. Com startups ou pequenas empresas, quando todos essencialmente sabem o que todo mundo está fazendo e o porquê, é normal que cada equipe de produto proponha seus objetivos e resultados-chave. Há um certo trabalho de alinhamento, e então as pessoas começam a trabalhar. Em organizações maiores, equipes de produtos precisam de mais ajuda.

A primeira ajuda de que precisam é um entendimento muito claro dos objetivos de nível da organização. Digamos que os dois principais objetivos para a empresa são aprimorar o valor do tempo de vida do cliente e expandir globalmente. Digamos também que você tenha aproximadamente 25 times de produtos. Todos eles provavelmente pensam sobre ambos objetivos organizacionais, mas, claramente, a empresa precisará ser esperta sobre quais times buscam qual objetivo. Alguns poderiam focar só um, outros poderiam contribuir para ambos e ainda outros poderiam abordar um trabalho crucial além desses dois objetivos.

A liderança (especialmente o head de produto, o head de tecnologia e o head de design) precisará discutir os objetivos da empresa e quais times são mais adequados para buscar cada objetivo.

2. Além do mais, em escala, é muito comum ter um número significativo de times de produto que trabalham como suporte a outros. Estes são frequentemente chamados de *times de produto de plataforma* ou *times de produto de serviços compartilhados*. Eles são muito importantes, mas são um pouco diferentes porque geralmente não atendem os clientes diretamente, mas indiretamente, geralmente por meio dos times de produto focados em solução para o cliente final. Estes times de plataforma receberão solicitações de muitos ou mesmo de todos os times e estão lá para ajudá-los a ter sucesso. Mas, novamente, a liderança precisará ajudar a coordenar os objetivos para estes times e ter certeza de que nós coordenamos as dependências e alinhamos os interesses.

3. Uma vez que você tenha seus objetivos, há um processo de reconciliação muito crucial no qual a liderança olha para os principais resultados propostos pelos times de produto e identifica espaços faltando ou oportunidades e então olha para o que poderia ser ajustado para endereçá-los (por exemplo, recorrer à ajuda de times adicionais ou revisar a prioridade do trabalho).

4. Em escala, é muito mais difícil saber em quais objetivos os times de produto estão trabalhando e o progresso que eles estão fazendo. Existem agora uma variedade de ferramentas online que ajudam organizações a tornar os objetivos transparentes. Mas, mesmo com estas ferramentas, confiamos na gestão para ajudar a ligar os pontos entre os times.

Em resumo, ao usar OKRs em escala, existe uma carga maior na liderança e gestão para garantir que a organização esteja verdadeiramente alinhada, para que cada e toda equipe de produtos entenda como se encaixam no todo e com o que contribuem.

5. Quanto maior a organização, mais longa a lista de compromissos de alta integridade que são necessários e mais eles precisam ser ativamente gerenciados e acompanhados. Gerentes de entrega têm um papel fundamental em acompanhar e gerenciar estas dependências e nossos compromissos.
6. Em várias empresas consolidadas, existem essencialmente múltiplas unidades de negócio e, neste caso, nós esperaríamos que existissem OKRs de nível corporativo, mas deve haver também OKRs de nível de unidade de negócios e os times de produto entrariam nesses.

Em resumo, ao usar OKRs em escala, existe uma carga maior na liderança e gestão para garantir que a organização esteja verdadeiramente alinhada, para que cada e toda equipe de produtos entenda como encaixam no todo e com o que contribuem.

CAPÍTULO

31

Evangelismo de Produto

Evangelismo de produto é, como Guy Kawasaki disse anos atrás, “vender o sonho”. É ajudar pessoas a imaginar o futuro e inspirá-las para ajudar a criar esse futuro.

Se você for um fundador de startup, um CEO ou um head de produto, esta é uma grande parte de seu trabalho e será difícil montar uma equipe forte se você não ficar bom nisso.

Se você for gerente de produto — especialmente em uma grande empresa — e não for bom no evangelismo, existe uma chance muito grande de que seus esforços de produto deem errado antes de eles verem a luz do dia. E mesmo que consiga entregar o produto, este provavelmente irá no caminho de milhares de outros esforços de grandes empresas e morrerá na praia.

Falamos sobre o quão importante é ter uma equipe de missionários, não mercenários e o evangelismo é uma responsabilidade-chave para fazer isso acontecer. A responsabilidade para isso recai principalmente sobre o gerente de produto.

Existem várias técnicas para ajudar a comunicar o valor do que você estiver propondo para sua equipe, colegas, stakeholders, executivos e investidores. Veja os 10 principais conselhos para gerentes de produto venderem o sonho:

1. **Use um protótipo.** Para várias pessoas, é muito difícil ver a floresta através das árvores. Quando tudo que você tem é um monte de histórias de usuário, pode ser difícil de ver a situação como um todo e como as coisas se conectam (ou mesmo *se* elas se conectam). Um protótipo as deixa ver claramente a floresta *e* as árvores.
2. **Compartilhe a dor.** Mostre ao time as dores do cliente que você está abordando. É por isso que adoro levar engenheiros para reuniões e visitas com clientes. Para muitas pessoas, elas têm que ver (ou experienciar) as dores por si mesma para entender.
3. **Compartilhe a visão.** Certifique-se de que você tenha um entendimento muito claro de sua visão de produto, estratégia de produto e princípios de produto. Mostre como seu trabalho contribui para esta visão e é fiel aos princípios.
4. **Compartilhe aprendizados generosamente.** Após cada teste de usuário ou visita ao cliente, compartilhe seus aprendizados — não apenas o que correu bem, mas os problemas também. Dê ao seu time as informações de que ele precisa para ajudar a encontrar uma solução.
5. **Compartilhe o crédito generosamente.** Certifique-se de que o time vê o produto como *dele*, não apenas como *seu* produto. Todavia, quando as coisas não vão bem, apresente-se e assuma a responsabilidade do erro e mostre ao time que você está aprendendo a partir dos erros também. Eles respeitarão você por isso.
6. **Aprenda como fazer uma excelente demonstração.** Esta é uma habilidade especialmente importante para usar com os clientes e principais executivos. Não estamos tentando ensiná-los como operar o produto nem fazendo um teste de usuário com eles. Estamos tentando mostrar a eles o valor do que estamos desenvolvendo. Uma demonstração não é um treinamento e não é um teste. É uma fer-

ramenta persuasiva. Fique muito, muito bom nisso.

> *Seja completamente sincero, mas deixe as pessoas verem que você está genuinamente empolgado. O entusiasmo realmente é contagioso.*

7. **Faça seu dever de casa.** Será muito mais provável que seu time e seus stakeholders sigam você se eles acreditarem que você sabe do que está falando. Seja um especialista incontestável para seus usuários e clientes. E seja o especialista incontestável para o seu mercado, incluindo seus concorrentes e as tendências relevantes.
8. **Esteja genuinamente empolgado.** Se você não estiver empolgado com o seu produto, você provavelmente deve resolver isso — ou mudando no que você trabalha ou mudando sua função.
9. **Aprenda a mostrar um pouco de entusiasmo.** Assumindo que você está genuinamente empolgado, é impressionante para mim como vários gerentes de produto são tão ruins ou ficam tão desconfortáveis ao mostrar entusiasmo. Isso importa *muito*. Seja completamente sincero, mas deixe as pessoas verem que você está genuinamente empolgado. O entusiasmo realmente é contagioso.
10. **Passe um tempo com seu time.** Se você não estiver passando tempo significativo conversando diretamente com o seu designer e cada engenheiro no seu time, então eles não podem ver o entusiasmo nos seus olhos. Se sua equipe não estiver alocada no mesmo espaço físico, você precisará fazer um esforço especial para viajar até lá no mínimo a cada dois meses. Passar algum tempo individual com todas as pessoas no time dá um grande retorno no nível de motivação dela e, consequentemente, na velocidade do seu time. Vale o seu esforço.

Se sua empresa for de porte médio a grande, é normal que o marketing de produto assuma o papel de evangelista com seus clientes e sua força de vendas. Talvez você ainda seja chamado para ajudar em grandes acordos ou parcerias, mas você precisará focar sua evangelização em seu time, porque a melhor coisa que pode fazer por seus consumidores é fornecer um ótimo produto.

CAPÍTULO

32

Perfil: Alex Pressland da BBC

Devo admitir que sou suspeito pra falar da BBC. Ela existe há quase 100 anos, mas abraçou a tecnologia e a internet relativamente cedo. Vi inúmeras pessoas de produto impressionantes surgirem da BBC e várias estão agora espalhadas na Europa e fora dela.

De volta a 2003, quatro anos inteiros antes da estreia do iPhone, uma jovem gerente de produto na BBC, Alex Pressland, tinha acabado de liderar uma iniciativa de produto que permitiu que a BBC fosse uma das primeiras empresas de mídia no mundo a vender conteúdo. A maioria das pessoas na BBC não tinha ideia de porque isso era importante ou mesmo desejável, mas Alex entendeu que esta tecnologia poderia ser usada em formas não antecipadas e novas para aumentar o alcance da BBC, uma parte importante da missão da instituição.

Como Alex entendeu o potencial da tecnologia na distribuição de conteúdo vendido utilizando IP, ela buscou formas úteis e novas para pôr a tecnologia em uso. Começou olhando para as pessoas no Reino Unido que não estavam sendo alcançadas pela transmissão convencional da BBC (TVs e rádios nas casas e carros).

Um uso que identificou foram grandes outdoors eletrônicos em muitos locais altamente frequentados do centro da cidade capazes de transmitir vídeos. Mas ela observou que esses locais estavam transmitindo o que você poderia assistir na sua televisão em casa, apesar de o contexto e o público serem bem diferentes.

Então, Alex propôs uma série de experimentos nos quais equipes editoriais reuniriam conteúdo personalizado adequado e específico para o local e o público, e então ela mediria o alcance da audiência e o engajamento.

Embora isso possa soar óbvio hoje, naquele momento era um conceito estranho para a cultura de jornalismo da BBC. Existia uma longa lista de obstáculos na tentativa de empurrar a BBC nesta direção, e os mais importantes eram editorial e o jurídico.

O editorial não estava acostumado ao modelo no qual o conteúdo seria criado e então entregue em diferentes contextos. Isso chega ao âmago da cultura editorial da BBC e exigiu considerável persuasão para mostrar o porquê de ser uma coisa muito boa tanto para a BBC quanto para o público.

O jurídico não estava acostumado com a distribuição via dispositivos utilizando IP. Imagine a pilha de acordos de licenciamento de conteúdo que precisariam ser atualizados ou renegociados.

Os resultados dos experimentos e sucessos precoces de Alex, todavia, deu a ela a confiança para propor à liderança da BBC uma nova visão de produto que ela chamou de "BBC Fora de Casa [do inglês, BBC Out of Home]".

Em grandes empresas consolidadas, nunca é fácil direcionar uma mudança considerável, mas isso é exatamente o que fortes gerentes de produto descobrem como fazer.

É muito importante notar que ela fez isso como contribuição *individual enquanto gerente de produto.*

Este trabalho acabou alimentando uma drástica mudança na BBC — do conteúdo transmitido à distribuição de conteúdo — e este trabalho afetou drasticamente o alcance e logo se tornou a base para os esforços de dispositivos móveis da BBC. Hoje, mais de 50 milhões de pessoas ao redor do mundo dependem das ofertas em dispositivos móveis da BBC toda semana.

Esta não é apenas uma história sobre a aplicação da tecnologia para resolver problemas, é também uma história sobre o poder da força de vontade. Em grandes empresas consolidadas, nunca é fácil direcionar uma mudança considerável, mas isso é exatamente o que fortes gerentes de produto descobrem como fazer.

Alex saiu da BBC e teve uma carreira formidável em várias empresas de mídia e tecnologia e agora é líder de produtos em Nova York.

PARTE

IV

O Processo Correto

Exploramos equipes de produto na Parte Dois e descrevemos como decidir o que cada equipe precisa focar na Parte Três. Na Parte Quatro, explico como equipes de produto fazem seu trabalho. Analisaremos as técnicas, atividades e melhores práticas utilizadas para repetidamente descobrir e entregar produtos bem-sucedidos.

Muito embora esta parte seja intitulada de "O Processo Correto", espero que você logo perceba que o processo correto não é nenhum *único* processo. Ao contrário, é mais precisamente descrito como uma combinação de técnicas, mindset e cultura.

Eu, na maior parte, enfatizo técnicas de descoberta, dado que nosso foco está em gerentes de produto e essa é a responsabilidade inicial deles.

A maior parte do tempo do gerente de produto precisa ser concentrada no trabalho com seu time de produto, com seus stakeholders-chave e com seus clientes para descobrir soluções que seus clientes amam e que funcionam para o negócio.

Tenha em mente, todavia, que o gerente de produto e o designer de produto precisam garantir que estejam disponíveis para responder perguntas dos engenheiros que surgem durante atividades de entrega. Normalmente, respondê-las leva aproximadamente de meia hora a uma hora por dia.

Descoberta de Produtos

Visão Geral

A maioria de nós trabalha na solução de alguns problemas bastante difíceis, o que geralmente acaba levando a sistemas razoavelmente complexos para viabilizar estas soluções. Para muitos times, existem dois desafios muito significativos para abordar.

Primeiro, descobrir em detalhe qual precisa ser a solução para o cliente. Isso inclui tudo a partir de se certificar de que existem clientes o suficiente que ainda precisam desta solução (a demanda) e então descobrir a solução que funciona para nossos clientes e para nosso negócio.

Ainda mais difícil, precisamos ter certeza de que descobrimos uma *única solução* que funciona para *vários* clientes e não uma série de *funcionalidades específicas*. Para isso, precisamos testar várias ideias e fazer isso de forma rápida e econômica.

Segundo, precisamos garantir que entreguemos uma implementação escalável e robusta em que nossos clientes possam depender por um valor consistentemente confiável. Seu time precisa *lançar com confiança*. Embora você nunca terá 100% de confiança, não deve ter que lançar e rezar.

Então, precisamos aprender rapidamente e ainda lançar com confiança.

> *Precisamos aprender rapidamente e ainda lançar com confiança.*

É compreensível que várias pessoas naturalmente vejam estas duas metas difíceis como estando em desacordo uma com a outra. Nós estamos com muita pressa para produzir algo para aprender o que funciona e o que não funciona. Contudo, não queremos lançar algo que não esteja pronto para o desafio e arriscar a prejudicar nossos clientes e causar dano à nossa marca.

Passo muito do meu tempo visitando times de produto. Em algumas ocasiões, fui chamado a atenção por ora pressionar muito a fim de que os times sejam muito mais agressivos ao lançarem para clientes e ter feedback cedo sobre suas ideias, ora (apenas instantes depois) pressionar muito esse mesmo time para não comprometer seus padrões de escalabilidade, tolerância a falha, confiabilidade, alta performance e segurança no lançamento do software.

Talvez você reconheça este problema em uma outra aparência. Vários times se envolvem com muito descontentamento com o conceito de um produto mínimo viável (MVP), porque, por um lado, estamos muito motivados para rapidamente lançá-lo para os clientes a fim de ter feedback e aprender. E, por outro lado, quando o lançamos rapidamente, as pessoas sentem como se este suposto produto fosse uma vergonha para a marca e a empresa. Como pudemos lançá-lo?

Nesta seção esclareço como times fortes trabalham para atender objetivos simultâneos e duplos de rápido aprendizado na descoberta, contudo desenvolvendo lançamentos sólidos e estáveis na entrega.

Em geral, acho que muitos times de produto têm um senso muito melhor de como realizar a segunda meta de entrega sólida de software do que como realizar a primeira meta de rápida experimentação e descoberta. Entrega contínua é um bom exemplo de uma técnica avançada de entrega que encontro nos times que entendem a importância de uma série de pequenas mudanças com incremento para um sistema complexo.

Parte do que causa confusão é uma diluição do que realmente significa quando chamamos algo de "produto" ou "qualidade de produto" ou "produtizado" ou "em produção".

Sempre tento arduamente reservar o termo *produto* para descrever o estado em que nós podemos operar um negócio com ele. Especificamente, ele é escalável e de bom desempenho até o grau necessário. Ele tem um forte conjunto de testes de regressão automatizados. Ele está instrumentado para coletar análises necessárias. Ele foi internacionalizado e localizado onde é apropriado. Ele é sustentável. Ele é coerente com a promessa da marca. E, o mais importante, ele é algo que a equipe pode lançar com confiança.

Isso não é fácil — é aqui que é usada a maior parte do tempo quando nossos engenheiros estão desenvolvendo. Sendo assim, nós tentamos muito não desperdiçar este esforço.

Fazer todo este trabalho quando o gerente de produto ainda não está certo de que esta é a solução que o cliente quer ou precisa é uma receita para o fracasso do produto e grande desperdício. Então, o propósito da descoberta de produto é ter certeza de que nós temos alguma evidência de que, quando pedimos aos engenheiros para desenvolver um produto com qualidade de produção, isso não seja um esforço desperdiçado. E é por isso que temos tantas técnicas em descoberta de produtos.

Temos técnicas para ter um entendimento muito mais profundo de nossos usuários e clientes e para validar ideias de produto tanto qualitativa quanto quantitativamente. E, na verdade, a maioria das técnicas não exige o tempo do desenvolvedor (o que é importante, porque sabemos quanto tempo e esforço são necessários para começar uma criação de software com qualidade de produção na entrega).

Muito da chave para descoberta de produto eficaz é conseguir acesso aos nossos clientes sem tentar empurrar nossos experimentos rápidos em produção.

Se você for uma startup em estágio inicial e não tiver nenhum cliente, então é claro que isso não é realmente um problema (e muito provavelmente é prematuro criar um de software com qualidade de produção).

Mas muitos de nós temos clientes reais e faturamento real, então realmente temos que nos importar com isso. Mais tarde, nesta seção, falaremos sobre as técnicas que possibilitam rápida experimentação de uma forma responsável em empresas maiores e consolidadas.

Mas aqui está a chave. Se você quer *descobrir* grandes produtos, é realmente essencial que você obtenha suas ideias a partir de clientes e usuários reais mais cedo e com frequência.

Se você quiser *entregar* grandes produtos, deve usar as melhores práticas de engenharia e tentar não desconsiderar as preocupações dos engenheiros.

CAPÍTULO

33

Princípios de Descoberta de Produto

O *propósito* da descoberta de produto é abordar estes riscos cruciais:

- O cliente comprará isso ou escolherá usá-lo? (*Risco de valor*)
- O usuário consegue entender como usá-lo? (*Risco de usabilidade*)
- Nós conseguimos desenvolvê-lo? (*Risco de viabilidade*)
- Esta solução funciona para o nosso negócio? (*Risco de viabilidade do negócio*)

E a opinião do gerente de produtos sobre estas perguntas não é o suficiente. Nós precisamos coletar *evidências*.

Quando falamos sobre *como* fazemos descoberta de produto, há um conjunto de princípios centrais que direcionam como trabalhamos. Se os entender, saberá não só como trabalhar bem hoje, mas também como facilmente incorporar novas técnicas conforme elas emergirem no futuro.

1. Sabemos que não podemos contar com nossos clientes (ou nossos executivos ou stakeholders) para nos falar o que desenvolver.

> *Clientes não sabem o que é possível e, com produtos de tecnologia, nenhum de nós sabe o que realmente queremos até de fato vermos.*

   Clientes não sabem o que é possível e, com os produtos de tecnologia, nenhum de nós sabe o que realmente queremos até de fato vermos. Não é que os clientes ou nossos executivos estejam necessariamente errados. É apenas nosso trabalho garantir que a solução que entregamos resolva o problema subjacente. Esse é provavelmente o princípio mais fundamental em todo produto moderno. Historicamente, na vasta maioria das inovações em nossa indústria, os clientes não tinham ideia de que o que eles agora amam era sequer uma possibilidade. E, com o tempo, isso é cada vez mais verdadeiro.

2. O mais importante é estabelecer valor persuasivo.

   É tudo difícil, mas a parte mais difícil de todas é criar o *valor* necessário para que os clientes finalmente *escolham* comprar ou usar. Conseguimos sobreviver por um tempo com problemas de usabilidade ou de desempenho, mas, sem o valor central, nós realmente não temos nada. Assim, é onde geralmente precisaremos gastar muito do nosso tempo de descoberta.

3. Por mais difícil e importante que a engenharia seja, criar uma boa experiência de usuário é geralmente ainda mais difícil e mais crítico para o sucesso.

   Embora todo time de produto tenha engenheiros, nem toda equipe tem as habilidades de design de produto necessárias e, mesmo quando as têm, estão sendo usadas da forma como precisamos?

4. Funcionalidade, design e tecnologia estão inerentemente interligados.

   No antigo modelo de cascata, o mercado direcionava a funcionalidade (também conhecida como *requisitos*), o que direcionava o design, o que direcionava a implementação.

Hoje, sabemos que a tecnologia direciona (e habilita) a funcionalidade tanto quanto o contrário. Sabemos que a tecnologia direciona (e habilita) o design. Sabemos que o design direciona (e habilita) a funcionalidade. Você não tem que olhar além do seu próprio smartphone para ver exemplos numerosos de ambos. O ponto é que todos os três estão completamente interligados. Esta é a única razão para pressionarmos muito para que o gerente de produto, o designer de produto e o líder técnico fiquem sentados fisicamente próximos um do outro.

5. Supomos que várias de nossas ideias não funcionarão, e as que funcionarem exigirão várias iterações.

> *"O mais importante é saber o que você não consegue saber."*

Para citar Marc Andreessen: "O mais importante é saber o que você não consegue saber", e não conseguimos saber antecipadamente quais das nossas ideias funcionarão com os clientes e quais não. Então, nós abordamos descoberta com o mindset de que várias, senão muitas, de nossas ideias não funcionarão. A razão mais comum para isso é valor, mas, às vezes, o design é muito complicado, outras vezes, demoraria demais para se desenvolver e às vezes, ainda, haveria problemas de privacidade ou jurídicos. O ponto é que precisamos estar abertos para resolver o problema subjacente de formas diferentes, se necessário.

6. Devemos validar nossas ideias com clientes e usuários reais.

Uma das armadilhas mais comuns em produto é acreditar que podemos antecipar a real resposta do cliente a nossos produtos. Poderíamos basear isso em pesquisa com clientes ou em nossas próprias experiências, mas, de qualquer maneira, nós sabemos hoje que devemos validar nossas ideias com clientes e usuários reais. Precisamos fazer isso antes de gastarmos tempo e dinheiro para criar um produto, não depois.

7. Nossa meta na descoberta é validar nossas ideias da forma mais rápida e barata possível.

   Descoberta tem a ver com necessidade por velocidade. Isso nos deixa experimentar várias ideias e, para ideias promissoras, experimentar múltiplas abordagens. Há vários tipos diferentes de ideias, vários tipos diferentes de produtos e uma variedade de diferentes riscos que precisamos abordar (risco de valor, risco de usabilidade, risco de viabilidade e risco de negócio). Então, nós temos uma grande variedade de técnicas, cada uma adequada a diferentes situações.

8. Precisamos validar a viabilidade de nossas ideias durante a descoberta, não depois.

   Se a primeira vez que seus desenvolvedores virem uma ideia for no planejamento do sprint, você fracassou. Precisamos garantir a viabilidade antes de decidirmos desenvolver, não depois. Isso não só acaba economizando muito tempo perdido, mas ter a perspectiva do engenheiro com antecedência também tende a melhorar a solução em si, e isso é crítico para o aprendizado compartilhado.

9. Precisamos validar a viabilidade do negócio de nossas ideias durante a descoberta, não depois.

   Similarmente, isso é absolutamente crucial para garantir que a solução que nós desenvolvemos atenderá às necessidades de nosso negócio — *antes* de gastarmos tempo e orçamento para desenvolver esse produto. Viabilidade de negócio inclui considerações financeiras, marketing (tanto considerações sobre o go-to-market quanto de marca), vendas, jurídico, desenvolvimento e executivos seniores. Poucas coisas destroem mais o moral ou a confiança no gerente de produto do que descobrir, após um produto ter sido desenvolvido, que o gerente de produto não entendeu algum aspecto essencial do negócio.

10. Tem tudo a ver com aprendizado compartilhado.

    Uma das chaves para se ter um time de missionários em vez de uma equipe de mercenários é o time aprender junto. Ele viu a dor do cliente junto, assistiu junto como algumas ideias fracassaram e outras funcionaram e todo time entendeu o contexto do porquê isso é tão importante e o que precisa ser feito.

Tudo a seguir é baseado nestes princípios centrais.

Ética: Devemos Desenvolvê-lo?

> *Eu encorajo os times de produto a considerar as implicações éticas de suas soluções também.*

Em geral, a descoberta de produto tem a ver com abordar riscos em torno de *valor*, *usabilidade*, *viabilidade técnica* e *viabilidade de negócio*. Todavia, em alguns casos, existe um risco adicional: *ética*.

Sei que este é um tópico delicado e não quero soar como se estivesse pregando ou condescendendo no mínimo, mas encorajo os times com quem trabalho a também considerar a pergunta: "*Devemos* desenvolvê-lo?"

Você pode achar que se trata de fazer algo ilegal, mas, na vasta maioria dos casos onde ética é um problema, não é geralmente uma questão de lei. Bem, apenas porque temos a tecnologia para desenvolver algo e mesmo que funcione para realizar o objetivo de negócio específico, isso não necessariamente significa que *devemos* desenvolvê-lo.

Mais comumente, o problema é que nossas habilidades de design e tecnologia são tais que nós poderíamos inventar uma solução que atenda nossos objetivos de negócio (por exemplo, em torno de engajamento, crescimento ou monetização), mas podemos acabar com um efeito colateral devido ao dano aos usuários ou ao meio ambiente.

Então, eu encorajo os times de produtos a considerar as implicações éticas de suas soluções também. Quando um risco ético significativo é identificado, veja se você não pode encontrar soluções alternativas que resolvam o problema de uma forma que não tenha consequências negativas.

Tenho uma última, mas crucialmente importante, nota sobre levantar problemas éticos com a gestão sênior. Você precisa, absolutamente, ter um profundo entendimento de seu negócio, especialmente como você ganha dinheiro. Você precisa fazer uso de um bom julgamento e ser delicado na sua discussão. Você não está lá para tentar policiar a organização, mas para identificar problemas e trazer soluções em potencial.

Iterações de Descoberta

Muitos times de produto normalmente pensam em uma *iteração* como uma atividade de entrega. Se você lança semanalmente, você pensa em termos de iterações semanais.

Mas também temos o conceito de uma iteração na descoberta. Nós definimos por alto uma *iteração* na descoberta conforme experimentamos no mínimo uma nova ideia ou abordagem. É verdade que ideias chegam de todas as formas e tamanhos e algumas são muito mais arriscadas do que outras, mas o propósito da descoberta é fazer isso muito mais rápido e mais barato do que nós podemos fazer na entrega.

Para estabelecer suas expectativas, equipes competentes em modernas técnicas de descoberta podem geralmente testar aproximadamente 10–20 iterações *por semana*. Isso pode soar muito para você, mas você logo verá que não é tão difícil com técnicas modernas de descoberta.

Também, perceba que várias iterações nunca conseguem ir além de apenas você, seu designer e seu líder técnico. O simples ato de criar um protótipo frequentemente expõe problemas que fazem você mudar de ideia. Como uma regra de ouro, uma iteração na descoberta deve ser *no mínimo* uma ordem de grandeza menor em tempo e esforço do que uma iteração na entrega.

Para estabelecer suas expectativas, equipes competentes em modernas técnicas de descoberta podem geralmente testar aproximadamente 10–20 iterações por semana.

CAPÍTULO

34

Visão Geral de Técnicas de Descoberta

Não existe uma taxonomia perfeita para as técnicas de descoberta porque várias delas são úteis para múltiplas situações diferentes. De qualquer maneira, a seguir estão as principais técnicas que eu pessoalmente uso e acho úteis.

Técnicas de Delimitação de Descoberta

Técnicas de delimitação nos ajudam a identificar rapidamente os problemas subjacentes que devem ser abordados durante a descoberta de produtos. Se a nós foi entregue uma solução em potencial, precisamos esclarecer o problema subjacente a ser resolvido. Precisamos compreender os riscos e determinar onde faz sentido focar nosso tempo. Também precisamos garantir que entendemos como nosso trabalho se encaixa no trabalho dos outros times.

Técnicas de Planejamento de Descoberta

Algumas técnicas são úteis em todo o esforço de descoberta de produtos e ajudam na identificação dos maiores desafios e no planejamento de como você fará este trabalho. Falaremos sobre elas aqui.

Técnicas de Ideação de Descoberta

Há muitas maneiras de ter ideias. Mas algumas fontes são melhores do que outras por seu potencial de nos manter focados nos problemas mais importantes. As técnicas de ideação são arquitetadas para fornecer ao time de produto uma riqueza de soluções promissoras voltadas aos problemas em que estamos concentrados no momento.

Técnicas de Prototipagem de Descoberta

Nossa ferramenta de referência para descoberta de produto é tipicamente um protótipo. Discutiremos os quatro tipos principais de protótipos e destacaremos qual o melhor uso para cada tipo.

Técnicas de Teste de Descoberta

A descoberta de produto trata-se sobretudo de experimentar rapidamente uma ideia. Em essência, estamos tentando separar as boas ideias das ruins. Definimos uma boa ideia como sendo uma que resolve o problema subjacente de uma forma que clientes comprarão e saberão como usar, que teremos o tempo, habilidades e a tecnologia no time para desenvolver e que funciona para os vários aspectos de nosso negócio.

É importante reconhecer que várias ideias não têm tanto risco associado. Elas podem ser muito simples. Ou pode ser que tenham apenas uma área de risco, como a preocupação do departamento jurídico com relação a uma potencial questão de privacidade.

Ocasionalmente, todavia, precisamos abordar problemas muito mais difíceis e teremos riscos significativos na maioria ou mesmo em todas estas áreas.

Então, a forma de pensar sobre descoberta é que só validamos o que precisamos e então escolhemos a técnica correta com base na situação específica.

Teste de Viabilidade

Estas técnicas são projetadas para os engenheiros abordarem áreas nas quais eles identificam preocupações. Pode ser que a solução que está sendo testada exija uso de alguma tecnologia com a qual o time não tem experiência. Pode haver desafios significativos de desempenho e escala. Ou podem haver componentes de terceiros que precisam ser avaliados.

Teste de Usabilidade

Estas técnicas são designadas para que os designers de produto abordarem áreas nas quais eles identificaram preocupações. Vários de nossos produtos têm fluxos de navegação complexos e os designers precisam garantir que seus designs de interação façam sentido para o usuário e que fontes de confusão em potencial sejam identificadas e antecipadas.

Teste de Valor

Muito do nosso tempo na descoberta de produto é gasto validando valor ou trabalhando para aumentar o valor percebido. Se for um novo produto, precisamos garantir que os clientes o comprarão no preço que precisamos cobrar e que eles vão trocar qualquer coisa que estiverem usando hoje. Se for um produto existente que o cliente já comprou e o estivermos aprimorando (assim como uma nova funcionalidade ou um novo design), precisamos garantir que os clientes escolherão usar uma nova funcionalidade ou novo design.

Teste de Viabilidade de Negócio

Infelizmente, não é suficiente criar um produto ou solução que nossos clientes amem, que seja utilizável e que nossos engenheiros possam entregar. O produto também deve funcionar para nosso negócio. Isso é o que significa ser *viável*. Isso significa que podemos arcar com o custo de desenvolvimento e fornecimento do produto e os custos de comercialização e venda do produto. Precisa ser algo que nossa força de vendas seja capaz de vender. Isso significa que a solução precisa também funcionar para nossos parceiros de desenvolvimento de negócio. Precisa funcionar para nossos colegas do jurídico. Precisa ser consistente com a promessa de marca da nossa empresa. Estas técnicas servem para validar estes tipos de riscos.

Técnicas de Transformação

Ao trabalhar para migrar sua empresa da forma de trabalho que você faz hoje para a forma que acredita ser necessária, existe um conjunto de técnicas que se comprovaram úteis para transformar a forma como você trabalha.

Então, como você pode ver, nós precisamos de várias técnicas. Algumas das quais são *quantitativas* e outras *qualitativas*. Algumas das técnicas são projetadas para coletar *prova* (ou, no mínimo, resultados estatisticamente significativos) e algumas são projetadas para coletar *evidência*. Todas são projetadas para nos ajudar a *aprender rapidamente*.

> *Estou compartilhando as técnicas que acredito que sejam essenciais para qualquer time de produto moderno.*

Para ser claro, estou compartilhando as técnicas que acredito que sejam essenciais para qualquer time de produto moderno. Durante o curso de um ou dois anos, você provavelmente usará várias vezes cada uma das técnicas. Existem, como você pode imaginar, várias outras técnicas úteis baseadas em tipos específicos de produtos ou situações e novas técnicas estão sempre emergindo. Mas estas são as técnicas de referência.

Técnicas de Delimitação

Visão Geral

Boa parte do nosso trabalho de descoberta de produto não exige muito esforço de delimitação ou planejamento. Precisamos descobrir uma solução para um problema específico e frequentemente isso é fácil e nós podemos prosseguir diretamente para o trabalho de entrega.

Mas, muitas das vezes, este, decididamente, não é o caso e esforços em delimitação e solução de problemas se tornam crucialmente importantes. Grandes projetos — e, especialmente, *iniciativas* (projetos abrangendo múltiplos times) — são exemplos comuns.

Nesta seção, faço considerações sobre como delimitamos nosso trabalho de descoberta para garantir alinhamento e identificar os riscos principais.

Existem duas metas aqui:

1. A primeira é garantir que o time esteja na mesma página em termos de clareza de propósito e alinhamento. Em particular, precisamos concordar com o objetivo de negócio em que estamos focados, o problema específico dos nossos clientes que pretendemos resolver, para que usuário ou clientes você está resolvendo esse problema e como saberemos que tivemos sucesso. Isso tudo deve estar alinhado diretamente aos objetivos e resultados chave do seu time de produto.
2. O segundo propósito é identificar os grandes riscos que precisarão ser abordados durante o trabalho de descoberta. Acho que muitos times tendem a gravitar em direção a um tipo específico de risco com que estão mais confortáveis.

Dois exemplos que eu frequentemente encontro são times que imediatamente prosseguem para abordar os riscos de tecnologia — especialmente desempenho ou escala — e times que focam riscos de usabilidade. Eles sabem que esta mudança envolve um fluxo de navegação complexo e estão nervosos com isso, então querem mergulhar diretamente lá.

Garantir que o time esteja na mesma página em termos de clareza de propósito e alinhamento.

Ambos são riscos legítimos, mas, na minha experiência, eles são geralmente os riscos de mais fácil resolução.

Devemos também considerar o risco de *valor* — os clientes querem que este problema específico seja resolvido e nossa solução proposta é boa o suficiente para fazer as pessoas trocarem o que elas têm agora?

E então existe o frequentemente desalinhado risco de negócio em que temos que ter certeza de que a solução que definimos na descoberta funciona para as diferentes partes de nossa empresa. Veja alguns exemplos comuns disso:

- Risco financeiro — podemos arcar com esta solução?
- Risco de desenvolvimento de negócio — esta solução funciona para nossos parceiros?
- Risco de marketing — esta solução é consistente com nossa marca?
- Risco de vendas — esta solução é algo que nossa equipe de vendas está preparada para vender?
- Risco jurídico — é algo que podemos fazer a partir de uma perspectiva de conformidade ou jurídica?
- Risco ético — deveríamos criar esta solução?

Para várias coisas não teremos preocupações nessas dimensões, mas, quando temos, é algo que devemos abordar ativamente.

Se o gerente de produto, designer e líder técnico não sentem que existe um risco significativo em quaisquer destas áreas, então normalmente nós apenas procederíamos para entrega — conscientes de que existe uma chance ocasional de o time estar errado. Isso, todavia, é preferível à alternativa de ter um time extremamente conservador que testa cada suposição.

Gostamos de usar nosso tempo de descoberta e técnicas de validação para aquelas situações nas quais sabemos que existe um risco significativo ou que membros do time discordam.

Existem várias formas de avaliar uma oportunidade. Algumas empresas exigem análise e rigor significativo e outras apenas deixam isso para o julgamento do time de produto.

Nesta seção, descrevo três das minhas técnicas favoritas, uma para cada esforço de tamanho diferente:

1. Uma *avaliação de oportunidade* é adequada para a vasta maioria de trabalho de produto, que varia de uma simples otimização de uma funcionalidade a um projeto de tamanho médio.
2. Uma *carta para o cliente* é adequada para iniciativas ou projetos maiores que frequentemente têm múltiplas metas e um resultado desejado mais complexo.
3. Um *canvas de startup* para aqueles momentos em que você estiver criando uma linha de produtos inteiramente nova ou um novo negócio.

Note que estas técnicas não são mutuamente exclusivas. Pode ser que você ache útil fazer tanto uma avaliação de oportunidade quanto uma carta para cliente, por exemplo.

Problemas versus Soluções

Existe um tema subjacente que você verá em todas as técnicas de delimitação de problema e a razão é que faz parte da natureza humana pensar e falar em termos de *soluções* em vez de *problemas* subjacentes. Isso se aplica especialmente a usuários e clientes, mas também a stakeholders em nosso negócio, outros executivos de empresa e, se formos honestos, isso frequentemente se aplica a nós também.

(continua)

(continuação)

É sabido que este problema se aplica aos fundadores de startup. Fundadores frequentemente se preocupam com uma solução em potencial por meses, senão anos, antes de conseguirem o financiamento e a coragem para aprofundar nisso.

Geralmente, nossas soluções iniciais não resolvem o problema — pelo menos não de uma forma que possa impulsionar um negócio de sucesso.

Mas uma das lições mais importantes em nossa indústria é *se apaixonar pelo problema, não pela solução.*

Por que isso é tão importante? Porque, geralmente, nossas soluções iniciais não resolvem o problema — pelo menos não de uma forma que possa impulsionar um negócio de sucesso. Geralmente é necessário experimentar várias diferentes abordagens para a solução antes de acharmos uma que resolva o problema subjacente.

Esta é outra razão por que típicos roadmaps de produto são tão problemáticos. Eles são listas de funcionalidades e projetos em que cada funcionalidade ou projeto é uma possível solução. Alguém acredita que a funcionalidade resolverá o problema ou isso não estaria no roadmap, mas é muito possível que ele esteja errado. Não é culpa dele — apenas não existe uma forma de saber no estágio em que isso é colocado nele.

Todavia, existe muito provavelmente um problema legítimo por trás dessa solução em potencial e é nosso trabalho na área de produto descobrir o problema subjacente e garantir que, qualquer que seja a solução que entregamos, ela resolva esse problema subjacente.

Delimitar — e comunicar — o problema a ser resolvido com uma pequena antecedência pode fazer uma drástica diferença nos resultados.

CAPÍTULO

35

Técnica de Avaliação de Oportunidade

Uma avaliação de oportunidade é uma técnica extremamente simples, mas pode poupar muito do seu tempo e de problema.

A ideia é responder quatro questões-chave sobre o trabalho de descoberta que você está prestes a executar:

1. Qual objetivo de negócio este trabalho quer resolver? (*Objetivo*)
2. Como você saberá se você teve sucesso? (*Resultados-chave*)
3. Qual problema será resolvido para nossos clientes? (*Problema do cliente*)
4. Em que tipo de cliente estamos focados? (*Mercado-alvo*)

Objetivo de Negócio

A primeira questão deve ser mapear um ou mais objetivos atribuídos à sua equipe. Por exemplo, se pediram que sua equipe foque o problema de crescimento, reduzir o tempo que leva para um novo cliente estar habilitado a usar o produto ou reduzir a porcentagem de clientes que cancelam a assinatura cada mês, então queremos deixar claro que este trabalho abordará no mínimo um dos nossos problemas atribuídos.

Resultados-Chave

Queremos manter o foco nos nossos clientes.

Queremos saber no início como vamos medir o nosso sucesso. Por exemplo, se estivermos tentando reduzir a taxa de cancelamento, uma melhoria de 1% seria considerada excelente ou um desperdício de tempo? A segunda questão deve mapear no mínimo um dos *resultados-chave* atribuídos à nossa equipe de produtos.

Problema do Cliente

Tudo que nós fazemos possui, certamente, a intenção de beneficiar nossa própria empresa de alguma forma ou não faríamos isso. Mas queremos manter o foco nos nossos clientes e esta questão claramente articulará o problema que nós queremos resolver para nossos clientes. Ocasionalmente, fazemos algo para ajudar usuários internos, então, se esse é o caso, podemos citar isso aqui. Mesmo assim, tentamos alinhar os benefícios aos nossos clientes finais.

Mercado-Alvo

Uma grande quantidade de trabalho de produto fracassa porque tenta satisfazer a todos e acaba não satisfazendo ninguém. Esta questão tem a intenção de deixar muito claro para o time de produto quem é o principal beneficiário deste trabalho. Normalmente, é um tipo específico de usuário ou cliente. Isso poderia ser descrito como um persona de usuário ou cliente, um mercado-alvo específico ou um trabalho específico a ser feito.

Existem outros fatores que você pode querer levar em consideração ao avaliar uma oportunidade, dependendo da natureza da oportunidade, mas considero que estas quatro perguntas são o mínimo necessário. Você precisa garantir que todo membro do seu time de produto saiba e entenda as respostas para estas quatro questões antes de entrar no seu trabalho de descoberta de produto.

Responder estas questões é responsabilidade do gerente de produto e normalmente leva alguns minutos para preparar estas respostas. Mas então o gerente de produto precisa compartilhá-las com o time de produto e com os principais stakeholders para garantir que vocês estejam falando a mesma língua.

Um aviso importante: às vezes, o CEO ou um outro líder sênior explicará que existe algo além do trabalho de produto normal que precisa ser feito. Perceba que às vezes existem razões específicas para fazer um trabalho de produto específico, como apoio a uma parceria. Se isso acontecer muito, então esse é um problema diferente, mas é algo geralmente infrequente. Se esse for o caso, não se estresse com isso. Apenas dê ao time o máximo de contexto que puder — estas quatro questões podem ainda ser relevantes.

CAPÍTULO

36

Técnica da Carta para Cliente

Para esforços de tamanhos mais típicos e menores, a avaliação de oportunidade é geralmente suficiente. Mas, ao embarcar em um esforço ligeiramente maior, pode haver múltiplas razões, vários problemas de cliente a serem resolvidos ou objetivos de negócio a serem abordados. Para comunicar o valor eficazmente, pode ser que seja necessário mais do que as quatro questões listadas no capítulo anterior.

Um típico exemplo de um esforço deste tamanho seria um redesign. Existem provavelmente vários objetivos no redesign e talvez seja voltado tanto para aprimorar a experiência para clientes atuais quanto para satisfazer melhor os novos clientes.

> *Ao embarcar em um esforço ligeiramente maior, pode haver múltiplas razões, vários problemas de cliente a serem resolvidos ou objetivos de negócio a serem abordados.*

Uma das minhas empresas de produtos movidas à tecnologia favoritas é a Amazon. Ela tem inovado consistentemente — incluindo várias inovações verdadeiramente disruptivas — e tem mostrado que ela pode continuar a fazer isso em escala. Na minha visão, existem várias razões para este contínuo sucesso de produto, da liderança, dos talentos, da cultura e especialmente da sua sincera paixão por cuidar dos clientes. Mas existem algumas técnicas que são centrais a como a Amazon desenvolve produtos e uma delas é referida como processo *working backward* [trabalhar um tema de trás para frente], no qual você inicia com um comunicado de imprensa fictício.

A ideia é que o gerente de produto defina o trabalho à frente da equipe escrevendo um comunicado de imprensa imaginando como seria uma vez que este produto fosse lançado. Como melhora a vida de nossos clientes? Quais são os reais benefícios para eles? Todos já lemos um comunicado de imprensa — a única diferença é que este é inteiramente imaginado. Ele descreve um estado futuro que queremos criar.

É muito tentador imediatamente listar todas as funcionalidades que as equipes planejam desenvolver sem levar muito em consideração os benefícios reais para seus clientes. Esta técnica é feita para contrapor isso e manter a equipe focada no resultado, não na entrega.

O leitor real deste comunicado de imprensa é a equipe de produtos, equipes impactadas ou relacionadas e a liderança. É uma formidável técnica de evangelização — se as pessoas não veem o valor após lerem o comunicado de imprensa, então o gerente de produtos tem mais trabalho a fazer, ou talvez deva reconsiderar a proposta.

Algumas pessoas também consideram isso uma técnica de validação de demanda (se você não consegue deixar sua equipe empolgada, talvez não valha a pena fazê-lo). No entanto, é uma validação da demanda ou do valor com seus colegas, não com clientes reais, então penso nisso principalmente como uma técnica de delimitação.

De qualquer maneira, Walker Lockhart, um ex "Amazoniano" de muito tempo, que se juntou à Nordstrom há alguns anos, compartilhou comigo uma variação desta técnica que foi desenvolvida e refinada na Nordstrom.

A ideia é que, em vez de informar os benefícios em um formato de comunicado de imprensa, você os descreva no formato de uma carta de um cliente escrita a partir de uma perspectiva hipotética de uma das suas personas do usuário ou cliente definidas do seu produto.

A carta — enviada por um cliente muito feliz e impressionado ao CEO — explica por que ele está tão feliz e grato pelo novo produto ou redesign. O cliente descreve como isso mudou ou melhorou sua vida. A carta também inclui uma resposta de parabenizações do CEO para a equipe de produtos explicando como isso ajudou o negócio.

Espero que você consiga ver que esta variação de carta para cliente é muito similar ao comunicado de imprensa imaginado pela Amazon e ele é arquitetado para direcionar o mesmo tipo de pensamento. Uma versão de comunicado de imprensa inclui uma citação de um cliente também.

Gosto desta variação da carta do cliente ainda mais do que o estilo do comunicado de imprensa por algumas razões. Primeiro, o formato do comunicado de imprensa é um pouco ultrapassado. Ele não executa a função que costumava executar no nosso setor, então não é algo com que todos estão familiarizados. Segundo, acho que a carta para cliente faz um trabalho ainda melhor de gerar empatia pelo descontentamento real do cliente e mais claramente enfatiza para a equipe como seus esforços podem ajudar as vidas destes clientes.

Também admito que adoro cartas de clientes. Eu as acho extremamente motivadoras. E vale a pena notar que, mesmo quando uma carta do cliente é uma crítica do produto, ela ajuda a equipe a entender o problema instintivamente, e esta frequentemente se sente obrigada a encontrar uma forma de ajudar.

CAPÍTULO

37

Técnica de Canvas de Startup

Até agora, exploramos técnicas para iniciativas pequenas e de tamanho típico, como adicionar uma nova funcionalidade, ou iniciativas médias a grandes, como um redesign. Elas abarcam muito do trabalho das equipes de produtos.

Todavia, outra situação especialmente difícil exige uma técnica de delimitação mais abrangente. Uma startup em estágio inicial, na qual você está tentando descobrir um novo produto que possa empoderar um novo negócio ou, para aqueles que trabalham em uma corporação, quando pedirem que você lide com uma oportunidade de negócio totalmente nova para a empresa.

Em outras palavras, não está sendo pedido a você para aprimorar um produto existente, está sendo pedido a você para criar um produto inteiramente novo.

Nesta situação, você tem um conjunto de risco muito mais vasto, incluindo a validação da sua proposta de valor, descoberta de como você pretende ganhar dinheiro, como você planeja levar este produto para seus clientes e vendê-lo, qual será o custo de produção e venda deste produto e o que você medirá para acompanhar seu progresso — sem mencionar a determinação se o mercado é grande o suficiente para sustentar um negócio.

Não está sendo pedido a você para aprimorar um produto existente, está sendo pedido a você para criar um produto inteiramente novo.

Por décadas, as pessoas criaram densos planos de negócios para tentar detalhar estes tópicos e como eles pretendiam abordá-los. Mas várias pessoas, incluindo eu, escreveram sobre as várias razões de esses antigos planos de negócio terem sido frequentemente mais prejudiciais do que úteis.

Um canvas de startup, um primo próximo do canvas de modelo de negócio, e o lean canvas são designados para serem ferramentas leves a fim de expor estes riscos mais cedo e encorajar a equipe a abordá-los com antecedência.

Eu prefiro o canvas de startup aos planos de negócio fora de moda, mas também tenho observado que várias equipes de startup ainda gastam muito tempo em seus canvas e continuam adiando esse probleminha incômodo da descoberta de uma solução que as pessoas querem comprar (veja a caixa "O Maior Risco").

Você pode usar um canvas para qualquer mudança no produto, não importa o tamanho, mas você provavelmente descobrirá depressa que, uma vez que você tenha um negócio e produto existente, a maior parte do canvas não muda muito e acaba duplicada. Você já tem um modelo de distribuição ou vendas. Você já tem uma estratégia de monetização. Você tem uma estrutura de custo bem definida. Você está principalmente tentando criar mais valor em sua solução. Nesse caso, provavelmente faz sentido olhar para uma das técnicas de delimitação anteriores.

Entretanto, você pode usar o canvas de startup para um trabalho mais simples, especialmente se você tiver um novo gerente de produtos. Ele pode ajudar esse novo gerente de produtos a ter um bom entendimento holístico de seu produto e entender as principais áreas do negócio afetado.

O Maior Risco

Uma das coisas que gosto a respeito de um canvas de startup é que ele ajuda a destacar rapidamente as principais suposições e grandes riscos que afrontam uma startup ou um novo produto relevante em um negócio existente. Isto é uma coisa boa. A ideia é abordar os maiores riscos primeiro. Pelo menos em teoria.

Na prática, continuo conhecendo empreendedores e líderes de produto que estão focados em riscos secundários em vez de riscos primários.

> *É da natureza humana focar mais em áreas que as pessoas entendem, que pensam que podem controlar e que conhecem.*

Acho que isso ocorre em partes porque um risco é subjetivo e difícil de quantificar. Então, dependendo de sua perspectiva, você pode achar que algum risco é secundário quando eu acho que ele é primário.

Porém, em grande parte, acho que é da natureza humana focar mais em áreas que as pessoas entendem, que pensam que podem controlar e que conhecem.

Então, digamos que o fundador da sua startup é alguém que tem experiência em negócio, provavelmente treinado com um MBA. Ele provavelmente está intensamente ciente dos riscos associados à criação de um bom modelo de negócio. Ele está frequentemente focado na sua proposta única de valor, preço, canais de distribuição e custos. Estes são riscos totalmente reais, que fazem parte da avaliação da *viabilidade de negócio*.

Mas eu frequentemente tenho que sentar com estas pessoas e explicar que, embora reais, são em grande parte riscos acadêmicos neste estágio. E então tento direcioná-las para o que, na minha experiência, é a maior razão de as startups e novos produtos fracassarem.

Você provavelmente está pensando que estou falando de risco de mercado — que o novo produto está focado na solução de um problema com o qual clientes apenas não se importam o suficiente. Este é um risco muito real e é responsável por sua fatia de esforços fracassados, mas afirmo que este geralmente não é o risco mais significativo.

(continua)

(continuação)

Preciso mencionar algumas ressalvas:

Primeiro, tenho que dizer que a vasta maioria das equipes que atendo não estão resolvendo problemas realmente novos. Elas estão trabalhando em problemas de longa data com mercados comprovados por um longo período. O que é diferente sobre a startup ou produto é sua abordagem para resolver o problema (solução delas), mais frequentemente — e cada vez mais — porque elas estão alavancando tecnologia recém-disponível para resolver o problema de uma forma inovadora.

Segundo, se o mercado é de fato novo, então hoje as técnicas que nós temos para validar demandas nunca foram melhores. Se você não usar estas técnicas, continue por sua própria conta e risco. Este é um erro especialmente odioso porque as técnicas não são custosas em termos de dinheiro e tempo, logo, simplesmente não existe desculpa para não fazer isso.

Acredito que o maior risco de uma iniciativa seja o *risco de valor*. Em um canvas de startup, isso surge sob risco de solução — descobrir uma solução persuasiva para clientes. *Uma solução que seus clientes escolherão para comprar e usar.*

Isso geralmente é difícil o suficiente, mas perceba que para levar alguém a trocar para nosso novo produto não basta que ele seja comparável (às vezes referido como paridade de funcionalidades), ele deve ser *demonstrativa e essencialmente melhor*. É uma aposta alta.

Todavia, se você criou um canvas antes, sabe que existe pouquíssimo sobre solução nele. O raciocínio oficial para isso é que é muito fácil se apaixonar por uma abordagem específica e se prender prematuramente. Honestamente, este é um problema muito real com equipes. Vejo este comportamento frequentemente. Mas uma consequência desta escassa representação da solução em um canvas é que ele age para a tendência de vários a fim de focar naqueles riscos com que elas se sentem mais confortáveis e deixam a solução como "um exercício para os engenheiros".

Em vez de delegar ou adiar a descoberta da solução, precisamos aceitar a descoberta de produto como a competência central mais importante da startup.

Bem, se você conseguir descobrir uma solução que os clientes amam, então pode abordar os riscos de monetização e escala. Todavia, sem essa solução, é muito provável que o resto de seu trabalho será desperdiçado. Então, se seu recurso limitado é dinheiro ou a paciência da gestão, você precisa ter certeza principalmente de usar o seu tempo para descobrir uma solução imbatível. Resolva primeiro esse risco e então você poderá focar os outros.

O ponto é que você não precisa gastar seu tempo fazendo teste de otimização de precificação, ferramentas de vendas, programas de marketing e cortando custos até e a menos que você tenha descoberto um produto verdadeiramente valioso.

Técnicas de Planejamento

Visão Geral

Agora que delimitamos nosso trabalho de descoberta, estamos prontos para começar a descobrir soluções. Para iniciativas de produtos complicadas, ter alguma forma de definir e planejar suas iniciativas de descoberta frequentemente ajuda.

Nesta seção, descrevo duas das minhas técnicas de planejamento de descoberta favoritas. Uma é simples (story maps) e a outra é razoavelmente complicada (programa de descoberta de cliente), mas elas são tanto notavelmente poderosas quanto eficazes.

Não quero desencorajar você dessa técnica apenas porque ela é muito trabalhosa. Eu frequentemente digo a equipes de produto que, se elas pudessem escolher somente uma única técnica, a que eu recomendaria seria o programa de descoberta de cliente. Sim, é muito tempo e esforço — especialmente sobre os ombros do gerente de produto —, mas é meu indicador de tendência de sucesso futuro favorito. Atribuo muito do sucesso em minha própria carreira a esta técnica.

CAPÍTULO

38

Técnica de Story Map

Story map, em geral, é uma das técnicas mais úteis que conheço. Ela é essencialmente uma técnica de planejamento e delimitação, mas também é útil para ideação. Também é utilizada como uma técnica de design ao trabalhar nos protótipos e é ótima para se comunicar com seu time e stakeholders. Ela também atua em uma função muito prática de gerenciar e organizar seu trabalho. Além disso, um story map é útil por todo o processo de entrega e descoberta de produto.

Acho que você concordará que ele traz muitos benefícios. Mas a melhor parte é o quão simples ele é.

A origem dos story maps veio da frustração com o típico backlog de histórias de usuário. Não existe nenhum contexto, apenas uma lista de histórias priorizada. Como o time sabe como uma história se encaixa à situação como um todo? O que significa priorizar nessa granularidade com tão pouco contexto? E qual conjunto de histórias constitui uma entrega ou um marco significativo?

Jeff Patton, um dos primeiros pensadores Ágil, estava frustrado com isso, então ele alavancou algumas técnicas de design de experiência do usuário comprovadas, as adaptou aos conceitos Ágil e apresentou o user story maps.

Ele é um mapa bidimensional, nos quais as principais atividades dos usuários estão dispostas ao longo da dimensão horizontal, superficialmente ordenadas sequencialmente da esquerda para a direita. Então, se existem uma dúzia de grandes atividades dos usuários, elas apareceriam no topo da esquerda para direita, geralmente na ordem em que você as faria — ou, no mínimo, se você estivesse descrevendo o sistema em geral para outra pessoa, a ordem na qual você as descreveria.

Várias equipes que conheço consideram um story map e um protótipo de usuário de alta fidelidade como suas técnicas de referência.

Na dimensão vertical, temos um nível progressivo de detalhe. Conforme detalhamos cada grande atividade em conjuntos de tarefas de usuário, adicionamos histórias para cada uma dessas tarefas. As tarefas cruciais ficam verticalmente mais altas do que as opcionais.

Se você organizar seu sistema deste jeito, é possível, só com um olhar, ter uma visão holística e considerar onde delimitar os diferentes lançamentos e seus objetivos associados.

Agora cada história tem um contexto. A equipe inteira pode ver como ele se adapta a outras histórias. E não só apenas como um snapshot em um ponto no tempo. A equipe pode ver como o sistema deve crescer com o tempo.

Podemos usar este story map para definir nossos protótipos e, então, à medida que recebemos feedback e aprendemos como as pessoas interagem com nossas ideias de produto, podemos facilmente atualizar o story map para servir como um reflexo vivo dos protótipos. Conforme finalizamos nosso trabalho de descoberta e progredimos na entrega, as histórias mapeadas movem diretamente para o backlog de produto.

Várias equipes que conheço consideram um story map e um protótipo de alta fidelidade como suas técnicas de referência.

Um livro imperdível para gerentes de produto: *User Story Mapping: Discover the Whole Story, Build the Right Product*, de Jeff Patton (O'Reilly Media, 2014) [sem tradução para o português].

CAPÍTULO

39

Técnica de Programa de Descoberta de Cliente

Nosso trabalho nessa área é criar produtos que possam sustentar um negócio. Pode acreditar: tudo depende de fortes produtos.

Sem eles, nossos programas de marketing exigem custo de aquisição de clientes que são muito altos; nossa área de vendas é forçada a ficar "criativa", o que eleva o custo de vendas, estende o ciclo de vendas e coloca pressão para baixar os preços; e nossa área de satisfação dos clientes é forçada a engolir clientes frustrados todos os dias.

A espiral descendente continua porque a área de vendas perde muitas negociações quando tenta competir tendo um produto fraco. Então, o que ela faz? Começa a gritar com você sobre todas as funcionalidades que você não tem e que o concorrente para quem ela perdeu tem, o que geralmente piora ainda mais uma situação ruim. E então você começa a reclamar sobre trabalhar em uma empresa movida a vendas.

Pode ser que vários de vocês estejam pensando que acabei de descrever sua empresa. Infelizmente, acho que essa deve ser a situação em muitas empresas, especialmente aquelas orientadas à venda direta ou à venda de publicidade.

Este livro inteiro, de um jeito ou de outro, destina-se a prevenir ou corrigir esta situação. Todavia, neste capítulo, falo sobre o que considero uma das técnicas mais poderosas que temos para garantir e provar que temos um forte produto viável e prevenir a situação que acabei de descrever.

O Poder de Clientes de Referência

Primeiro, precisamos falar sobre o poder quase mágico de um cliente de referência feliz.

> *Existem poucas coisas mais poderosas para uma empresa de produto do que clientes de referência.*

Vamos ser claros sobre o que significa ser um *cliente de referência*: é um cliente *real* (não amigos ou família), que está operando seu produto em *produção* (não um teste ou protótipo), que pagou com *dinheiro real* pelo produto (não foi dado para convencê-lo a usar) e, o mais importante, que está disposto a *contar aos outros* o quanto ele ama o seu produto (voluntária e sinceramente).

Por favor, acredite em mim quando digo que existem poucas coisas mais poderosas para uma empresa de produto do que clientes de referência. Essa é a melhor ferramenta de vendas que você pode fornecer para sua área de marketing e vendas e isso muda completamente a dinâmica entre a área de produto e o resto da empresa.

Pergunte a qualquer bom vendedor qual a melhor ferramenta que você pode fornecer para ajudá-lo a fazer o trabalho dele e ele dirá: "Clientes de referência felizes."

Se você acha que está constantemente frustrado por ter que reagir a vendas e ao último prospecto importante que conseguiram, é assim que você muda a situação.

Sem clientes de referência, é muito difícil para o time de vendas saber onde o encaixe produto/mercado está. E lembre-se: ele tem uma meta de vendas e é pago por comissão. Então, sem bons exemplos, ele venderá de qualquer forma e qualquer coisa que ele puder. Sem clientes de referência, esta situação não é culpa dele — é *sua* culpa.

Descobrimos e desenvolvemos um conjunto de clientes de referência em paralelo com a descoberta e desenvolvimento do produto em si.

Amo tanto a técnica de programa de descoberta de cliente porque ela é designada para produzir estes clientes de referência.

Descobrimos e desenvolvemos um conjunto de clientes de referência em paralelo com a descoberta e desenvolvimento do produto em si.

Esteja ciente de que esta técnica demanda esforço considerável, fundamentalmente por parte do gerente de produto. Queria que fosse mais fácil. Mas também direi que, se você seguir esta técnica, considero o melhor indicador antecipativo de sucesso futuro do produto.

Também saiba que esta técnica não é nova, embora a cada par de anos alguma pessoa influente no mundo de produtos redescubra seu poder e ela ganhe atenção mais uma vez. Ela também é conhecida por múltiplos nomes. Em todo o caso, estou convencido de que todos utilizariam a técnica se ela não desse tanto trabalho.

Existem quatro variações principais desta técnica para quatro diferentes situações:

1. Desenvolver produtos para empresas.
2. Desenvolver produtos de plataforma (por exemplo, APIs públicas).
3. Desenvolver ferramentas que habilitam seus clientes que são usadas por funcionários de sua empresa.
4. Desenvolver produtos para consumidores.

O conceito central é o mesmo para todas as quatro variações, mas existem algumas diferenças. Descreverei a variação para empresas primeiro e depois as diferenças para cada uma das outras utilizações.

Também preciso mostrar que você não seguiria este programa para pequenos esforços como funcionalidades ou projetos menores. Ele serve para iniciativas maiores. Bons exemplos seriam um novo produto ou negócio, levar um produto existente para um novo mercado ou nova geografia ou um redesign de um produto.

A força vital por trás desta técnica é que, com um novo produto, a objeção mais comum é que os clientes prospectos queiram ver que outras empresas, como eles mesmos, já estejam usando o produto com sucesso. Eles querem ver os clientes de referência. Em geral, quanto mais clientes de referência, melhor, mas, com poucos, o futuro cliente ficará preocupado que o produto seja muito nichado e funcione somente para um ou dois clientes.

Para produtos e serviços mirados em empresas, aprendi anos atrás que o número-chave é seis clientes de referência. Esse dado não pretende ser estatisticamente significativo — mas sim instilar confiança — e descobri que esse número se manteve ao longo do tempo. Novamente, mais de seis seria ainda melhor, mas nós visamos seis porque cada um deles já dá muito trabalho.

Um Único Mercado-alvo

Agora, eles não são quaisquer seis clientes. Estamos procurando desenvolver seis clientes de referência em nosso mercado-alvo específico ou segmento, então, a ideia é achar seis clientes similares. Se mirar dois ou três clientes de dois ou três diferentes mercados, este programa não dará a você o foco que você quer e precisa.

Nos capítulos anteriores sobre estratégia e visão de produto, falamos sobre a estratégia de produto de buscar uma visão de produto abordando um mercado vertical após o outro. Por exemplo, primeiro desenvolva seis referências para a indústria de serviços financeiros, depois seis para indústria manufatureira, e assim por diante. Ou você pode expandir geograficamente nesta mesma maneira (por exemplo, primeiro desenvolver seis referências para os Estados Unidos, seis para Alemanha e depois seis para o Brasil, e assim por diante).

Eu faço o meu melhor para persuadir times a não lançar um produto no mercado até terem esses seis clientes de referência. Não queremos ligar a máquina de marketing ou de vendas até termos evidência de que podemos ajudá-los a serem bem-sucedidos e os clientes de referência são nossa melhor evidência.

O conceito por trás desta técnica é focar o desenvolvimento deste conjunto de clientes de referência para um específico mercado-alvo, o que então facilita a busca desses tipos de clientes específicos por vendas. Uma vez que temos esses clientes de referência para esse mercado alvo inicial, podemos seguir em frente para expandir o produto a fim de atender às necessidades do próximo mercado-alvo.

Recrutar os Futuros Clientes de Referência

Queremos seis clientes de referência, então tipicamente recrutaremos entre seis e oito em caso de um ou dois não aderirem ou não estarem disponíveis. Precisamos que eles sejam do mercado-alvo específico que estamos procurando. Eles podem ser de sua base de clientes existentes, prospectos ou uma mistura.

Estamos procurando futuros clientes que sintam verdadeiramente as dificuldades e estejam quase desesperados pela solução que queremos desenvolver. Se pudessem encontrar uma solução que funcione para eles em outro lugar, eles já a teriam comprado.

Todavia, também é importante que excluamos entusiastas por tecnologia. Estas pessoas estão interessadas principalmente por causa da tecnologia, não porque elas desesperadamente precisam do valor do negócio.

Precisamos que sejam pessoas com tempo para trabalhar de perto conosco. Elas precisam estar dispostas a passar o tempo com o time de produto, testando protótipos iniciais e ajudando o time a garantir que o produto funcione bem para eles. Se possível, gostaríamos que eles fossem nomes reconhecidos, porque isso seria de muito valor para a área de marketing e vendas.

Conceber o grupo correto é normalmente algo que o gerente de produto faz em colaboração próxima com o gerente de marketing de produto.

O Relacionamento

O benefício para o cliente de referência é que ele recebe inputs reais, não uma "conversa fiada" — e, o mais importante, eles ganham uma solução que verdadeiramente funciona para eles.

O benefício para o time de produto é que você ganha acesso a um conjunto de usuários e clientes com quem você pode ir fundo e descobrir uma solução que funcionará para eles. Eles forneceram a você acesso aos seus usuários. Eles concordaram em testar versões iniciais. E, o que é realmente importante, eles concordaram em comprar o produto e servir como uma referência pública *se* o produto resultante funcionar para eles.

É crucial explicar para cada futuro membro do programa que seu trabalho é criar um *produto padrão* — algo que sua empresa possa vender para um grande número de clientes. Você não está tentando desenvolver uma solução customizada que somente funciona para aquela empresa (e eles não gostariam disso de qualquer maneira, uma vez que ficariam com um software sem evolução e sem suporte). No entanto, você está profundamente comprometido a criar um produto que funcione extremamente bem para eles e para apenas algumas outras empresas iniciais.

Além do mais, seu trabalho como gerente de produto não é colocar as funcionalidades que todas as seis empresas solicitarem. Embora fosse muito mais fácil, renderia um produto horrível. Seu trabalho é mergulhar fundo com cada um dos seis clientes e identificar uma *única solução* que funcione bem para todos.

Há algumas questões importantes a se considerar com esta técnica.

Nem todos concordam comigo nisso, mas não gosto que o cliente de referência pague para participar deste programa. Isso faz com que seja um tipo de relacionamento diferente. Você quer um *parceiro* na criação do produto. Você não quer desenvolver uma solução customizada apenas para ele e você não é uma empresa de projetos customizados. Você pode ficar com o dinheiro dele depois de entregar a ele um produto que ele adora. Contudo, se você for uma startup em estágio muito inicial com pouco dinheiro, pode ser que tenha que abdicar um pouco dessa regra. Vocês podem acordar em deixar o dinheiro do cliente em uma conta de garantia.

Se estiver trabalhando em um problema difícil e importante, você provavelmente ficará perplexo com clientes que querem participar. Isso realmente é um bom negócio e os clientes sabem disso. Se você tiver uma equipe de vendas, ela tentará usar isso como uma moeda de troca e o resultado é que você será pressionado a incluir muito mais clientes do que você pode dar conta. Será necessário sutileza e educação às vezes, mas é importante que os membros do programa de descoberta de clientes sejam o grupo certo e não mais que oito. Todavia, não é problema também ter um programa de lançamento antecipado para esses clientes que querem o software, mas você deve determinar que não são os clientes certos para o programa de descoberta do cliente.

Note que, em vários casos, haverá pessoas que dizem estar extremamente interessadas neste produto, mas elas primeiro querem ver suas referências. Quando explicar que quer trabalhar com elas para que se tornem uma dessas referências, elas provavelmente dirão que estão muito ocupadas, mas que voltariam uma vez que você tiver as referências. Isso é ótimo. Elas são ótimos leads. Mas nós estamos procurando por esses clientes que estão tão famintos e desesperados por uma solução que abrirão uma brecha na agenda para participar do programa. Todo mercado tem este segmento.

Contudo, se perceber que está tendo muita dificuldade até mesmo para encontrar quatro ou cinco prospectos para este esforço, então é muito possível que esteja perseguindo um problema que não é tão importante e você quase certamente terá dificuldade para vender este produto. Este é um dos primeiros confrontos com a realidade (também conhecido como *validação de demanda*) para ter certeza de que você está gastando o seu tempo em algo que vale a pena. Se os clientes não estiverem interessados neste problema, repense seus planos.

Você precisa ter certeza de que seus clientes são verdadeiramente do seu mercado-alvo e não mais do que um mercado-alvo. Um grande benefício deste programa é foco, e isso significa que os clientes são de um único mercado-alvo.

Trabalhe com seu gerente de marketing de produto para garantir que o cliente de referência tenha permissão de sua área de marketing para servir como uma referência pública. Mantenha seu parceiro de marketing de produto continuamente envolvido neste programa, pois ele pode te ajudar a tornar seu cliente de referência em uma grande ferramenta de vendas e outras oportunidades. Mas, lembre-se, é seu trabalho desenvolver esses clientes de referência reais — então entregue um produto que eles amem.

Pense nesses primeiros clientes de referência como parceiros de desenvolvimento. Vocês estão nisso juntos. Você precisa tratá-los como colegas — compartilhe informações importantes livremente, vocês estão ajudando um ao outro. Você perceberá que os relacionamentos que você criar poderão durar vários anos.

Você vai interagir com estas pessoas por toda a iniciativa — mostrará a elas protótipos e testes com seus usuários, fará perguntas detalhadas e testará as primeiras versões no ambiente delas.

Certifique-se de lançar o produto entregue para estas pessoas *antes* do lançamento geral e que elas estejam ativas e felizes antes do lançamento. Quando você lançar, elas estarão prontas para apoiar você.

Agora vamos considerar as variações comuns deste programa para diferentes tipos de produtos.

Plataforma/Produtos de API

Para produtos do desenvolvedor, o programa é muito parecido com aquele para empresas, mas a principal diferença é que nós trabalhamos com os times de desenvolvimento (engenheiros e gerentes de produto) que utilizarão nossas APIs para que eles utilizem nosso produto com sucesso. O resultado do programa é um conjunto de *aplicações* de referência em vez de clientes de referência. Focamos as aplicações bem-sucedidas criadas com nossas APIs.

Ferramentas de Produtividade

Para ferramentas de produtividade, como um novo painel de controle para seus agentes de atendimento ao consumidor, escolhemos de seis a oito funcionários/usuários internos que sejam respeitados e influentes — os indivíduos que os outros agentes admiram como líderes de ideias — e trabalhamos de perto com eles para descobrir o produto necessário. Obviamente, eles não são clientes e não estão pagando nada, mas pedimos que eles trabalhem de perto conosco ao longo da descoberta de produto para que a ferramenta fique excelente. Uma vez que eles acreditem que o produto esteja pronto, pedimos que eles contem a seus colegas o quanto eles adoram a nova ferramenta.

Produtos para o Consumidor

Para produtos para o consumidor, o mesmo conceito geral se aplica. Mas, em vez de focar as seis empresas com as quais trabalhar de perto (onde temos acesso a vários usuários diferentes em cada cliente), focamos um número ligeiramente maior de consumidores (aproximadamente 10–50) com quem nos envolvemos para levá-los ao ponto de estarem amando nosso produto.

É importante enfatizar que, para produtos para consumidor, precisaremos complementar este programa com um teste muito mais abrangente de nossas ideias de produto — geralmente com pessoas que nunca foram expostas a ele. Mas é frequentemente muito útil ter um grupo menor de clientes de referência para o qual possamos recorrer com o tempo, pois é para isso que serve.

Em termos de marketing, quando um consumidor decide comprar ou usar um produto, ele pode não olhar para os clientes de referência como um cliente empresarial olharia. Mas ele é afetado pela mídia social, a imprensa e outros influenciadores e, quando a imprensa escreve uma história sobre seu produto, a primeira coisa que ela procurará são os usuários reais.

Resumo

Como você percebeu, isso exige muito esforço, especialmente para o gerente de produto, mas esta poderosa técnica ajuda a garantir que você esteja desenvolvendo um produto que clientes adoram.

Lembre-se de que esta técnica não foi feita para descobrir o produto necessário — isso vem a seguir. Ela foi feita para te dar acesso direto a clientes-alvo, com os quais você encontrará as ideias de produto necessárias para gerar clientes de referência.

Definir o Encaixe Produto/Mercado

Existem várias formas de definir este conceito crucial de encaixe produto/mercado. Infelizmente, muitas delas são amplamente subjetivas.

O encaixe produto/mercado surge em termo de clientes mais felizes, menores taxas de cancelamentos, ciclos de vendas menores e rápido crescimento orgânico.

É verdade que o encaixe produto/mercado é uma dessas coisas que "você reconhece quando você vê". Ele certamente surge em termos de clientes mais felizes, menores taxas de cancelamentos, ciclos de vendas menores e rápido crescimento orgânico. Mas pode ser difícil definir o limiar para quaisquer destas situações.

Empresas frequentemente passam incontáveis horas debatendo qual é o seu encaixe produto/mercado e se elas o alcançaram.

Umas das técnicas mais comuns para avaliá-lo é conhecida como teste Sean Ellis. Ele envolve pesquisa de seus usuários (aqueles no seu mercado-alvo que usaram o produto recentemente, ao menos algumas vezes e que você sabe a partir das análises que eles entenderam o valor central do produto) como se sentiriam se não pudessem mais usá-lo. (As escolhas são "muito desapontado", "um pouco desapontado", "não me importo" e "não é mais relevante porque eu não uso mais".) A regra de ouro geral é que, se mais do que 40% dos usuários estivesse "muito desapontado", então existe uma boa chance de que você esteja no encaixe produto/mercado.

Apesar de ser útil, há muitas ressalvas, como você pode imaginar, dependendo do tipo de produto e do tamanho da amostra. Gosto deste teste para serviços e produtos do consumidor, mas não para produtos para empresas. Uma das razões para eu gostar tanto desse programa de descoberta de clientes é que eu considero uma definição muito eficaz e muito prática de encaixe produto/mercado.

Se conseguirmos seis clientes de referência em um mercado-alvo específico, tipicamente declararemos encaixe produto/mercado para esse mercado.

Lembre-se de que encaixe produto/mercado não significa que você terminou de trabalhar nesse produto. Nem mesmo perto disso. Continuaremos a aprimorar esse produto continuamente por anos. Todavia, uma vez que tenhamos esses seis clientes de referência, podemos vendê-lo ativa e eficazmente para outros clientes nesse mercado.

Então, cada cliente de referência é um marco verdadeiramente significativo. Mas, por exemplo, conseguir seis clientes de referência em um dado mercado-alvo para uma empresa B2B é talvez o marco mais expressivo e significativo para uma área de produto e algo que verdadeiramente vale a pena celebrar.

CAPÍTULO

40

Perfil: Martina Lauchengco da Microsoft

Em 1993, o Word 6.0 foi o maior lançamento em termos de funcionalidades que a Microsoft já tinha produzido.

Além de todos os novos recursos, o time tinha outro objetivo muito grande. Sua base de códigos tinha divergido e a implementação separada do Word para cada plataforma (Windows, DOS e Mac) estava extremamente lenta e custosa para a Microsoft. Este esforço de convergência de código deveria economizar um tempo considerável de desenvolvimento para a Microsoft e — eles tentaram se convencer de que — aprimoraria a oferta desde que o Word tivesse as mesmas funcionalidades em todas as plataformas.

Isso também significa que existia uma grande pressão para divulgar o lançamento, para que eles pudessem começar a ganhar eficiência de uma única base de código.

Naquele momento, o Word para Mac era um mercado relativamente pequeno. Era de somente US$60 milhões, versus o Windows, que naquele ponto era um mercado de mais de US$1 bilhão. Se você se lembra, naqueles tempos as máquinas com Windows absolutamente dominavam e o futuro da Apple não era certo. Todavia, a comunidade do Mac era também muito engajada — com fãs fervorosos de sua plataforma — e esta comunidade tinha muito pouco amor pela Microsoft.

PowerMacs estavam chegando no mercado, e tinham chips significativamente mais rápidos e mais memória. Muitos dos membros do time estavam usando esses novos computadores porque o Word 6.0 beta era muito lento nos Macs comuns. É claro, muito da base do usuário do Mac não estava nos novos PowerMacs — estava nos Macs comuns. Ciclos de atualização do hardware eram muito mais lentos então.

Assim, quando a Microsoft lançou o processador de texto mais "completo de todos os tempos para Mac", ele *era muito lento* nos Macs — estamos falando de 2 minutos apenas para iniciar.

A comunidade imediatamente começou a postar em grupos de discussão que a Microsoft estava tentando "matar o Mac". E-mails de ódio começaram a ser distribuídos de todos os lados, incluindo e-mails diretamente para Bill Gates, que os encaminhava para o time com mensagens como: "Isso está fazendo as ações da MSFT caírem. Consertem isso."

Entra em cena Martina Lauchengco, uma jovem gerente de produto recentemente formada pela Universidade de Stanford, cujo trabalho era ajudar a mudar isso.

O time rapidamente aprendeu que, embora conseguir uma base de códigos comum era válido, é uma vitória insignificante se o produto que sair disso não for bom. Além do mais, usuários escolhem seus dispositivos e plataformas porque eles valorizam o que é *diferente*, não o que é idêntico. Do ponto de vista do cliente, eles prefeririam esperar um pouco mais e ter uma melhor solução específica para a plataforma do que simultaneamente enviar um produto genérico para todas as plataformas.

O time acabou focando arduamente o desempenho e tirando vantagem do que o Mac poderia fazer. Ela olhou para quando e como carregar fontes, já que os usuários do Mac tendiam a ter muito mais que os usuários do Windows, e garantir que todos os atalhos do teclado do Mac funcionassem.

Ela focou a contagem de palavras — que é usada 10 vezes por dia por todo editor — para se certificar de que essa funcionalidade estava super-rápida, já que a imprensa usava o recurso como seu barômetro de performance. Eles conseguiram deixar isso mais rápido do que a mesma funcionalidade no Windows.

Este é um bom exemplo do quão difícil pode ser fazer a coisa certa para o cliente, frequentemente diante de um cenário de enorme pressão. Mas é exatamente isso que os fortes gerentes de produto descobrem como fazer.

O resultado foi que em torno de 2 meses eles produziram um lançamento 6.1, que foi enviado para todos os usuários registrados com uma carta de desculpas — assinada por Martina —, junto com um cupom de desconto para futuras compras.

O lançamento foi bem-sucedido na reparação dos problemas de percepção, mas o mais importante é que genuinamente melhorou drasticamente a versão para o Macintosh. Este foi um produto com que a equipe da Macintosh pôde ficar orgulhosa e era o produto que deveria ter sido entregue em primeiro lugar.

Este é um bom exemplo do quão difícil pode ser fazer a coisa certa para o cliente, frequentemente diante de um cenário de enorme pressão. Mas é exatamente isso que os fortes gerentes de produto descobrem como fazer.

Nos anos seguintes, não só a Microsoft mais uma vez decidiu divergir a base de código, ela separou completamente os times em diferentes unidades de negócios e desenvolvimento e fez com que adotassem todas as nuances do Mac. Estrategicamente, foi exatamente o contrário do ponto de vista anterior.

É difícil estimar o quão importante isso foi tanto para a Microsoft quanto para a Apple. Ainda hoje, mais de 20 anos depois, vários negócios e consumidores consideram o Word e o resto do Office absolutamente essenciais mesmo usando seu Mac para uso pessoal e comercial. O que começou então se tornou uma vitória de multibilhões de dólares tanto para a Apple quanto para a Microsoft. Existem mais de *1 bilhão de Macs e PCs com o Office instalado* pelo mundo.

Martina continuou a ter uma carreira notável tanto na gestão de produtos quanto no marketing de produto. Da Microsoft, ela seguiu para a Netscape, onde foi responsável pelo marketing do navegador Netscape e depois Loudcloud. E agora fico muito feliz em dizer que ela é minha parceira na SVGP há mais de uma década e também ensina marketing na Universidade da Califórnia, em Berkeley.

Deixe-me acrescentar que existem poucas coisas tão poderosas quanto uma pessoa de marketing que também é forte em produto. A combinação é impressionante.

Técnicas de Ideação

Visão geral

Existem, é claro, várias técnicas para criar ideias de produto. Eu realmente nunca encontrei muitas técnicas de ideação que não gostei. Mas, para mim, a questão mais relevante é: "Como criamos os tipos de ideias que provavelmente e verdadeiramente vão nos ajudar a resolver os difíceis problemas de negócio que nossos líderes nos pediram para focar?"

Como criamos os tipos de ideias que provavelmente e verdadeiramente vão nos ajudar a resolver os difíceis problemas de negócio que nossos líderes nos pediram para focar?

Notavelmente, na grande maioria das empresas (não aquelas que são boas em produtos), não são os times de produto que fazem essas ideações. Isso porque o que realmente acontece é que as ideias já são entregues aos times de produto na forma de funcionalidades priorizadas em roadmaps de produto, sendo que a maioria dos itens são solicitações de grandes clientes (ou prospectos) ou de executivos ou stakeholders da empresa. Infelizmente, raramente é esse tipo de ideias pela qual estamos procurando.

Em geral, se forem dados ao time de produto problemas de negócio reais para resolver em vez de soluções, e o time de produto fizer o seu trabalho e interagir direta e frequentemente com os usuários e clientes reais, para então ter uma quantidade e qualidade suficientes de ideias de produto não é realmente um problema.

Eu tenho algumas técnicas favoritas que consistentemente entregam para a equipe ideias de produto muito relevantes e muito promissoras.

Contudo, um aviso importante. Se você utiliza estas técnicas, eu estou razoavelmente certo de que você ficará muito animado com várias das ideias que descobrirá. Mas isso não significa que você deva simplesmente seguir em frente e desenvolvê-las. Em muitos casos, ainda precisaremos testá-las para garantir que elas são valiosas e utilizáveis para nossos clientes, praticáveis para nossos engenheiros e viáveis para nosso negócio.

CAPÍTULO

41

Entrevistas de Cliente

A entrevista de cliente é a técnica mais básica que discutirei neste livro. Queria não precisar incluí-la porque adoraria ter a certeza de que os gerentes de produto já sabem como fazer isso bem e o fazem frequentemente.

Todavia, a realidade é que esse frequentemente não é o caso. Ou, se as entrevistas de cliente estão acontecendo, o gerente de produto não está presente, então os aprendizados não são entendidos instintivamente ou não são levados tão seriamente quanto deveriam (veja Princípio de Descoberta nº 10 no Capítulo 33).

Mas, sem dúvida, esta é uma das habilidades mais importantes e poderosas para qualquer gerente de produto e muito frequentemente a fonte ou inspiração para várias ideias inovadoras de produto. Mais à frente, quando discutirmos técnicas para testar suas ideias de produto qualitativamente, estas habilidades serão um pré-requisito.

Existem várias formas de entrevistas de cliente, logo não é uma única técnica. Algumas são informais e algumas mais formais. Algumas têm uma metodologia de pesquisa de usuário por trás delas (uma das minhas favoritas é a *pesquisa contextual*) e outras são mais sobre sair do prédio e aprender o que você não sabe.

Mas em toda interação com o cliente ou usuário sempre temos a oportunidade de aprender alguns insights valiosos. Sempre tento entender o seguinte:

- Seus clientes são quem você pensa que são?
- Eles realmente têm os problemas que você pensa que têm?
- Como o cliente resolve este problema hoje?
- O que seria necessário para eles adotarem a sua solução?

Mas, sem dúvida, esta é uma das habilidades mais importantes e poderosas para qualquer gerente de produto e muito frequentemente a fonte ou inspiração para várias ideias inovadoras de produto.

Existem muitas formas de obter estas respostas e, se você tiver acesso a um pesquisador de usuário, você normalmente seguiria pelos caminhos indicados por ele. Veja algumas dicas para tirar o máximo de proveito destas oportunidades de aprendizado:

Frequência. Estabeleça uma cadência regular de entrevistas com cliente. Isso não deve ser uma coisa ocasional. Um mínimo necessário seria duas a três horas de entrevistas de cliente por semana, toda semana.

Propósito. Você não está tentando provar nada durante estas entrevistas, de uma forma ou de outra. Você apenas está tentando entender e aprender rapidamente. Este mindset é crucial e precisa ser sincero.

Recrutamento de usuários e clientes. Falarei muito mais sobre isso quando discutirmos a técnica de teste de usabilidade, mas, por ora, tenha certeza de conversar fundamentalmente com pessoas no seu mercado-alvo pretendido. Seu objetivo é que elas dediquem cerca de uma hora do tempo delas.

Locação. É sempre incrível ver os clientes em seu habitat. Temos muito a aprender apenas observando seu ambiente. Mas também podemos encontrá-los em algum lugar conveniente ou pedir que venham ao seu escritório. Se precisar fazer via videoconferência não é tão bom, mas é melhor do que nada.

Preparação. Seja claro antecipadamente sobre qual problema você acha que eles têm e pense sobre como você confirmará ou negará isso.

Quem deve estar presente. Adoro levar três pessoas a essas entrevistas: o gerente de produto, o designer de produto e um dos engenheiros do time (normalmente fazemos um rodízio entre os que querem participar). Geralmente, o designer conduz (porque costumam ser bem treinados para isso), o gerente de produto faz anotações e o desenvolvedor observa.

Entrevista. Seja natural e informal, faça perguntas abertas e tente aprender o que eles estão fazendo hoje (não foque muito o que eles *gostariam* que estivessem fazendo, embora isso também seja interessante).

Depois. Analisem a entrevista com seus colegas para ver se ouviram todas as mesmas coisas e tiveram os mesmos aprendizados. Se você fez quaisquer promessas para o cliente durante essa sessão, tenha certeza de que você as cumpra.

Gostaria de argumentar que esta hora consistentemente rende um grande resultado pelo seu tempo. É crucial aprender as respostas para estas questões principais. Todavia, sou um grande fã de aproveitar a oportunidade de uma entrevista com o cliente para também experimentar algumas das ideias de produto. Fazemos isso após termos aprendido as respostas para estas questões principais, mas é uma oportunidade tão grande que eu realmente gosto de aproveitá-la.

> *Esta hora consistentemente rende um grande resultado pelo seu tempo.*

Quando falarmos sobre teste de valor e de usabilidade, você verá as técnicas para isso. Mas, por ora, apenas saiba que você não tem que concluir após a entrevista — você pode continuar dando seguimento com um teste de usuário de suas últimas ideias de produto.

CAPÍTULO

42

Técnica de Teste de Concierge

Um teste de concierge é uma das minhas técnicas favoritas para rapidamente gerar ideias de produto de alta qualidade e, ao mesmo tempo, trabalhar no desenvolvimento da empatia e entendimento do cliente que é tão importante para motivar o time e entregar fortes soluções.

Um *teste de concierge* é um nome relativamente novo para descrever uma antiga, mas eficaz técnica. A ideia é que nós façamos o trabalho do cliente para eles — manual e pessoalmente. Exatamente como se você fosse até um concierge de hotel e perguntasse se ele poderia encontrar para você ingressos de teatro para um espetáculo popular. Você realmente não sabe os detalhes do que o concierge faz para você conseguir esses ingressos, mas você sabe que ele faz algo.

Com esta técnica, *você* se torna o concierge. Você faz o que o usuário ou cliente precisar. Pode ser que eles tenham que te treinar primeiro, mas você está no lugar deles fazendo as tarefas que eles fariam.

Isto é similar, mas não é o mesmo, que passar algum tempo com seu time de atendimento e suporte ao cliente. É uma atividade valiosa e frequentemente uma boa fonte de ideias de produto, mas isso é mais na linha de atender ligações e ajudar com problemas de clientes do que estamos almejando com teste de concierge.

Um teste de concierge exige conversar com usuários e clientes reais e pedir que mostrem a você como trabalham para que você possa aprender como fazer o trabalho deles e possa trabalhar em uma solução muito melhor para oferecer a eles.

Um teste de concierge exige conversar com usuários e clientes reais e pedir que mostrem a você como trabalham para que você possa aprender como fazer o trabalho deles e possa trabalhar em uma solução muito melhor para oferecer a eles.

Se você estiver desenvolvendo um produto *que habilita os seus clientes*, os usuários podem ser funcionários de sua empresa, mas a técnica é a mesma — você vai até estes colegas e pede que te ensinem a fazer o trabalho deles.

Como o princípio de aprendizado compartilhado, é mais valioso se o gerente de produto, o designer de produto e um dos engenheiros fizerem o teste de concierge.

CAPÍTULO

43

O Poder da Má Conduta do Cliente

Historicamente, as duas principais abordagens usadas por boas equipes para abrir oportunidades de produtos têm sido:

1. Tentar avaliar as oportunidades de mercado e escolher áreas potencialmente lucrativas em que problemas significativos existem.
2. Olhar para o que a tecnologia ou dados habilitam — o que é possível apenas agora — e unir isso com problemas.

Você pode considerar a primeira como consequência do mercado e a segunda como consequência da tecnologia. De qualquer forma, você obtém um produto de sucesso.

Todavia, algumas das empresas mais bem-sucedidas hoje vêm utilizando uma terceira abordagem e, embora não seja apropriada para toda empresa, gostaria de sugerir que esta é uma técnica extremamente poderosa que é amplamente subutilizada e pouco apreciada em nosso setor.

A terceira alternativa é permitir, e mesmo encorajar, nossos clientes a usar nossos produtos a fim de resolver problemas além do que planejamos e oficialmente damos suporte.

Mike Fisher, um amigo meu de longa data, escreveu um livro chamado *The Power of Customer Misbehavior* [O Poder da Má Conduta do Cliente, em tradução livre]. Este livro conta as histórias do Facebook e da eBay a partir de uma perspectiva de crescimento, mas existem vários outros exemplos muito bons lá também.

A terceira alternativa é permitir, e mesmo encorajar, nossos clientes a usar nossos produtos a fim de resolver problemas além do que planejamos e oficialmente damos suporte.

Desde seus dias mais remotos, a eBay sempre teve uma categoria "Outros". Era onde as pessoas poderiam comprar e vender coisas que nós na eBay não poderíamos prever que as pessoas gostariam de negociar. E, apesar de prevermos muito (existiam e ainda existem milhares de categorias), algumas das maiores inovações e maiores surpresas vinham do monitoramento do que os clientes *queriam* fazer.

Logo percebemos na situação da eBay que era ali onde muito da melhor inovação estava acontecendo e fizemos tudo em que pudéssemos pensar para encorajar e nutrir os clientes usando o marketplace da eBay a fim de sermos capazes de comprar e vender quase tudo.

Apesar de o marketplace ter sido originalmente projetado para facilitar a negociação de itens como eletrônicos e colecionáveis, logo as pessoas começaram a negociar ingressos de show, artes visuais e mesmo carros. Hoje, surpreendentemente, a eBay é uma das maiores empresas de carros usados no mundo.

Como você pode imaginar, existem algumas diferenças muito significativas entre comprar e transportar um carro de forma segura e comprar um ingresso que é válido por uma noite e então perde o valor. Mas esse trabalho somente foi feito após a demanda ter sido estabelecida por permitir que clientes negociassem itens e formas que a equipe e a empresa não preveriam.

Algumas pessoas de produto podem ficar chateadas quando percebem que os clientes estão usando seus produtos para casos não previstos. Esta preocupação está geralmente ligada às obrigações do suporte. Sugiro, todavia, que este caso especial pode ser muito estratégico e talvez valha muito a pena investir em suporte. Se perceber que seus clientes estão usando seu produto de forma que você não previu, essa é uma informação potencialmente muito valiosa. Teime um pouco e aprenda que problema eles estão tentando resolver e por que acreditam que seu produto poderia fornecer a solução certa. Faça isso o bastante e você logo verá padrões e, potencialmente, algumas oportunidades muito grandes de produtos.

O Poder da Má Conduta do Desenvolvedor

Embora o exemplo da eBay fosse planejado para ser usado por usuários finais (compradores e vendedores), este mesmo conceito é o que está por trás da tendência para exposição de alguns ou todos serviços do produto via interfaces programáticas (APIs públicas).

Considero os desenvolvedores uma das melhores fontes consistentes de ideias de produtos verdadeiramente inovadoras.

Com uma API pública, você está essencialmente dizendo para a comunidade desenvolvedora: "Precisamos fazer essas coisas — talvez você possa alavancar estes serviços para fazer algo excelente que nós mesmos não poderíamos prever."

A estratégia da plataforma do Facebook é um bom exemplo disso. Eles abriram o acesso para seu grafo de relacionamento a fim de descobrir o que desenvolvedores poderiam fazer uma vez que eles pudessem alavancar este recurso.

Sou fã de APIs públicas como uma parte de uma estratégia de produto da empresa faz tempo. Considero os desenvolvedores uma das melhores fontes consistentes de ideias de produtos verdadeiramente inovadoras. Desenvolvedores estão na melhor posição para ver o que apenas agora é possível e muitas inovações são empoderadas por estes insights.

CAPÍTULO

44

Hack Days

Existem muitas variações de hack days, mas, neste capítulo, descrevo uma das minhas técnicas favoritas para rapidamente conseguir uma gama de ideias de alto potencial que estão focadas na resolução de um problema importante do cliente ou do negócio.

Os dois principais tipos de hack days são os direcionados e os não direcionados. Em um hack day *não direcionado*, as pessoas podem explorar quaisquer ideias de produto que quiserem, desde que seja pelo menos superficialmente relacionado à missão da empresa.

Esta é uma das minhas técnicas favoritas para desenvolver uma equipe de missionários em vez de mercenários.

Em um hack day *direcionado*, existe um problema de cliente (por exemplo, algo que seja realmente difícil de aprender e usar ou que leva muito tempo para fazer) ou um objetivo de negócio para o qual fomos designados (por exemplo, "Taxa de perda de clientes" ou "Aumentar valor do tempo de vida do cliente") e pedimos para as pessoas das equipes de produtos se auto-organizarem e trabalharem em algumas ideias que poderiam abordar este objetivo.

A meta é para que grupos com auto-organização explorem suas ideias e criem alguma forma de protótipo que possa ser avaliado e, se apropriado, testado com usuários reais.

Existem dois grandes benefícios para estes hack days direcionados. O primeiro é prático, já que a técnica facilita a inclusão de engenheiros na ideação. Mencionei várias vezes neste livro que várias das melhores ideias surgiram de engenheiros na equipe e precisamos garantir que isso aconteça. Isso deveria acontecer continuamente, mas esta técnica garantirá esse acontecimento.

O segundo benefício é cultural. Esta é uma das minhas técnicas favoritas para desenvolver uma equipe de missionários em vez de mercenários. Os engenheiros, se já não mergulharam, estão agora mergulhando muito mais fundo no contexto de negócio e desempenhando uma função muito maior em termos de inovação.

Técnicas de Prototipagem

Visão Geral

Protótipos de várias formas estão disponíveis desde que aplicamos a tecnologia para resolver problemas. De acordo com a famosa citação de Fred Brooks: "Planeje jogá-lo fora; você jogará, de qualquer forma."

"Planeje jogá-lo fora; você jogará, de qualquer forma."

Apesar de a citação de Fred ser tão relevante hoje como quando ela foi publicada pela primeira vez (em 1975!), várias coisas mudaram, sem falar que as ferramentas e as técnicas que temos para desenvolver os protótipos e testá-los progrediram drasticamente.

Contudo, continuo encontrando equipes, até mesmo pessoas que eu consideraria pessoas de referência na área, que têm uma interpretação limitada do que significa o termo *protótipo*.

Quando pressiono as pessoas, o que tipicamente descubro é que elas associam o termo protótipo com o que elas foram expostas primeiro. Se o primeiro que você viu foi usado para testar a viabilidade, é isso que você pensa. Se o primeiro que você viu foi usado para teste de usabilidade, é isso que você pensa.

Mas existem várias formas muito diferentes de protótipos, cada uma com características diferentes e cada uma adequada a coisas diferentes do teste. E, sim, algumas pessoas se metem em confusão tentando usar o tipo errado de protótipo para o trabalho que têm em mãos.

Neste resumo, destaco as maiores classes de protótipos e, nos próximos capítulos, vou me aprofundar em cada um deles.

Protótipos de Viabilidade Técnica

Estes são escritos por engenheiros a fim de abordar riscos de viabilidade técnica durante a descoberta de produto — antes que nós decidamos se algo é viável. Às vezes, os engenheiros estão experimentando uma nova tecnologia. Às vezes, é um novo algoritmo. Frequentemente tem a ver com avaliação de desempenho. A ideia é que o desenvolvedor escreva apenas o código suficiente para abordar o risco de viabilidade.

Protótipos de Usuário

Protótipos de usuário são simulações. Existe um amplo espectro de protótipos de usuário — daqueles intencionalmente desenhados para parecer wireframes esboçados em papel (referidos como *protótipos de usuário de baixa fidelidade*) até aqueles que parecem ser e dão a impressão de uma coisa real (referidos como *protótipos de usuários de alta fidelidade*), o que faz parecer que não é uma simulação.

Protótipos de Dados em Tempo Real

É mais complicado explicar os protótipos de dados em tempo real, mas eles são uma ferramenta crucialmente importante para várias situações. O propósito principal de um *protótipo de dados em tempo real* é coletar dados reais para que possamos provar algo ou, pelo menos, recolher alguma evidência — normalmente descobrir se uma ideia (uma funcionalidade, uma abordagem de design, um fluxo de trabalho) realmente funciona. Isto tipicamente significa duas coisas. Primeiro, precisamos que o protótipo acesse nossas fontes de dados em tempo real e, segundo, precisamos enviar tráfego em tempo real — em quantidade suficiente para obter alguns dados úteis — para o protótipo.

A chave é que não precisamos desenvolver, testar e utilizar um produto comercialmente viável para fazer isso. Isso demoraria muito, custaria muito e muito provavelmente renderia um desperdício enorme. Um protótipo de dados em tempo real custa uma pequena fração do que custaria para desenvolver um produto comercialmente viável, que é o que faz desta uma ferramenta tão poderosa.

Protótipos Híbridos

Existem também vários híbridos que combinam aspectos de outros tipos. Por exemplo, ao trabalhar na busca e recomendações nas quais focamos a relevância do resultado de busca, pode ser que tenhamos a necessidade de ter fontes de dados em tempo real para que o protótipo acesse, mas não temos que enviar tráfego em tempo real. Neste caso, não estamos tentando provar nada, mas podemos aprender muita coisa ao observar e discutir os resultados com os usuários.

Lembre-se de que a descoberta de produto é uma questão de inventar a forma mais barata e mais rápida de testar nossas ideias. Então, dependendo de nossa situação e ideia específica, é ideal que você escolha o sabor do protótipo que melhor atenda suas necessidades.

Muito embora todos tenhamos nossos favoritos, se você estiver competindo contra boas equipes de produtos, precisa ser qualificado em cada um destes.

CAPÍTULO

45

Princípios de Protótipos

Conforme discutido no Capítulo 44, existem várias formas de protótipos. A melhor escolha para você depende do risco específico que está sendo abordado e o tipo de produto. Mas todas as formas de protótipos têm certas características e benefícios em comum. Veja a seguir cinco princípios-chave por trás de seu uso.

1. O propósito abrangente de qualquer forma de protótipo é aprender algo a um custo muito menor em termos de tempo e esforço do que desenvolver um produto. Todas as formas de protótipo devem exigir *pelo menos* uma ordem de grandeza de menos tempo e esforço como o produto eventual.
2. Perceba que um dos benefícios principais de qualquer forma de protótipo é te forçar a analisar um problema em um nível substancialmente mais profundo do que se nós apenas conversássemos sobre isso ou anotássemos algo. É por isso que o simples ato de criar um protótipo expõe, com grande frequência, grandes problemas que do contrário ficariam sem solução por muito tempo.

3. Um protótipo é também uma ferramenta poderosa para colaboração de equipe. Membros de uma equipe de produto e parceiros de negócio podem todos experimentar o protótipo para desenvolver um entendimento compartilhado.

> *O propósito abrangente de qualquer forma de protótipo é aprender algo a um custo muito menor em termos de tempo e esforço do que desenvolver um produto.*

4. Existem vários possíveis níveis diferentes de *fidelidade* para um protótipo. A fidelidade fundamentalmente se refere ao quão realístico o protótipo parece. Não existe algo semelhante ao nível apropriado de fidelidade. Às vezes, não é preciso que o protótipo pareça realista e outras vezes ele precisa ser muito realista. O princípio é que criamos o nível *correto* de fidelidade para seu propósito pretendido e admitimos que uma fidelidade menor é mais rápida e mais barata do que uma fidelidade mais alta, logo, somente geramos fidelidade mais alta quando precisamos.

5. O propósito inicial de um protótipo é abordar um ou mais riscos de produtos (valor, usabilidade, praticabilidade ou viabilidade) na descoberta. Todavia, em vários casos o protótipo continua a fornecer um segundo benefício, que é comunicar aos engenheiros e à organização mais ampla o que precisa ser desenvolvido. Referem-se a isso como *protótipo como especificação*. Em vários casos, o protótipo é suficiente para isso, mas, em outros casos — especialmente quando os engenheiros não estão alocados ou quando o produto é especialmente complexo —, o protótipo provavelmente precisará ser suplementado com detalhes adicionais (geralmente, casos de uso, regras de negócio e critério de aceite).

CAPÍTULO

46

Técnica do Protótipo de Viabilidade Técnica

Na maior parte do tempo, seus engenheiros revisarão suas ideias de produto e contarão a você que eles não têm preocupações reais com relação à viabilidade técnica. Isso porque eles provavelmente desenvolveram coisas similares várias vezes antes.

Todavia, existem várias situações em que seus engenheiros podem identificar um risco de viabilidade técnica significativo envolvido na resolução de um problema específico em que eles estejam trabalhando. Exemplos comuns incluem:

- Preocupações com algoritmo.
- Preocupações com desempenho.
- Preocupações com escalabilidade.
- Preocupações com tolerância a falhas.
- Utilização de uma tecnologia que a equipe não tinha utilizado antes.
- Utilização de um serviço ou componente terceirizado que a equipe não tinha utilizado antes.

- Utilização de um sistema legado que a equipe não tinha utilizado antes.
- Dependência em mudanças relacionadas ou novas por outras equipes.

A ideia é escrever apenas o código suficiente para mitigar o risco de viabilidade técnica.

A principal técnica utilizada para abordar estes tipos de riscos é um ou mais dos engenheiros desenvolver um *protótipo de viabilidade técnica.*

Um engenheiro criará o protótipo de viabilidade técnica porque geralmente ele é um código (em oposição à maioria dos protótipos criados por ferramentas com propósito específico, destinadas para serem utilizadas pelos designers de produto). O protótipo de viabilidade técnica está a um longo caminho de um produto comercialmente lançável — a ideia é escrever apenas o código suficiente para mitigar o risco de viabilidade técnica. Isso tipicamente representa apenas uma porcentagem pequena do trabalho para o eventual produto lançável.

Além do mais, na maior parte do tempo o protótipo de praticabilidade é designado para ser um código descartável — é normal e não tem problema fazê-lo rapidamente e sem muitos detalhes. Ele é feito para ser apenas o suficiente para coletar os dados, por exemplo, mostrar que o desempenho provavelmente seria aceitável ou não. Geralmente, não existe nenhuma interface de usuário, tratamento de erros ou nenhum trabalho típico envolvido em produtização.

Na minha experiência, desenvolver um protótipo de viabilidade técnica exige apenas um ou dois dias. Se você estiver explorando uma grande nova tecnologia, como uma tecnologia de aprendizado de máquina, então o protótipo de viabilidade técnica poderia muito bem levar significativamente muito mais tempo.

Os engenheiros estimam em quanto tempo o protótipo é criado, mas se a equipe leva esse tempo ou não depende de o gerente de produto decidir criteriosamente se vale a pena adotar essa ideia. Pode ser que ele decida que muitas outras abordagens a este problema não têm o risco de viabilidade técnica da tecnologia, então evitaria essa ideia.

Apesar de serem os engenheiros que fazem este trabalho de prototipação de viabilidade técnica, ele é considerado um trabalho de descoberta e não um trabalho de entrega. Ele é feito como parte da decisão de adotar ou não esta ideia ou abordagem específica.

Em termos de lições aprendidas, vi várias equipes seguirem para a entrega sem considerarem adequadamente o risco de viabilidade técnica. Sempre que ouvir histórias de equipes de produtos que excessivamente subestimaram a quantidade de trabalho exigida para desenvolver e entregar algo, essa é geralmente a razão subjacente.

Pode ser que os engenheiros eram simplesmente muito inexperientes com suas estimativas, que os engenheiros e o gerente de produto tiveram um entendimento insuficiente do que era necessário ou que o gerente de produto não deu aos engenheiros tempo suficiente para realmente investigar.

CAPÍTULO

47

Técnica do Protótipo de Usuário

Um *protótipo de usuário* — uma das ferramentas mais poderosas na descoberta de produto — é uma simulação. Um faz de contas. É só de fachada. Não existe nada por trás das cortinas. Em outras palavras, se você está em um protótipo de usuário de um site de e-commerce, você pode entrar com as informações do seu cartão de crédito quantas vezes quiser — você não estará de fato comprando nada.

Existe uma ampla variedade de protótipos de usuário.

Em uma das extremidades do espectro estão os protótipos de usuário de baixa fidelidade. Ele não parece real, é, em essência, um wireframe interativo. Várias equipes os utilizam como uma forma de analisar o produto entre elas mesmas, mas existem outras utilizações também.

Protótipos de usuários de baixa fidelidade, todavia, representam somente uma dimensão de seu produto — as informações e o fluxo de trabalho. Por exemplo, não há nada sobre o impacto do design visual ou das diferenças causadas pelos dados reais, dois dos aspectos mais importantes.

Na outra extremidade do espectro estão os protótipos de usuário de alta fidelidade. Ele ainda é uma simulação, todavia, agora ele parece muito real. Na verdade, com vários protótipos de usuário de alta fidelidade bons, você precisa olhar de perto para ver que isso não é real. Os dados que você vê são muito realísticos, mas isso também não é real — principalmente porque não está em tempo real.

Um protótipo de usuário é a chave para vários tipos de validação e é também uma de nossas ferramentas de comunicação mais importantes.

Por exemplo, se no meu exemplo de protótipo de usuário de e-commerce eu fizer uma pesquisa por um tipo específico de mountain bike, ele sempre retorna com o mesmo conjunto de mountain bikes. Mas se olhar de perto, não são as bikes reais que eu pedi. E percebo que toda vez que eu pesquiso é sempre o mesmo conjunto de bikes, não importa que preço ou estilo específico.

Se você estiver testando a relevância dos resultados de busca, esta não seria a ferramenta correta para o trabalho. Mas se você estiver tentando fornecer uma boa experiência de compra no geral ou imaginar como as pessoas querem pesquisar mountain bikes, isto é provavelmente mais do que adequado e muito rápido e fácil de criar.

Existem várias ferramentas para criar protótipos de usuário — para todo tipo de dispositivo e para todo nível de fidelidade. As ferramentas são principalmente desenvolvidas para designers de produto. Na verdade, seu designer de produto quase certamente já tem uma ou mais ferramentas de prototipação de usuário favoritas.

Também ocorre de alguns designers preferirem codificar manualmente seus protótipos de usuário de alta fidelidade, o que é ótimo por serem rápidos, e os designers estão dispostos a tratar o protótipo como descartável.

A grande limitação de um protótipo de usuário é que ele não é bom para provar nada — como se, por exemplo, seu produto venderá ou não.

Muitas pessoas de produtos novatas desviam do rumo quando criam um protótipo de usuário de alta fidelidade e o colocam na frente de 10 ou 15 pessoas que dizem o quanto elas o adoram. Elas acham que validaram seu produto, mas, infelizmente, não é assim que funciona. As pessoas dizem todos os tipos de coisas e então vão fazer algo diferente.

Temos técnicas muito melhores para validar o valor, então é importante que você entenda que um protótipo de usuário não é apropriado.

Esta é uma das técnicas mais importantes para equipes de produtos, logo, vale bem a pena desenvolver experiência e habilidade da equipe na criação de protótipos de usuário em todos os níveis de fidelidade. Como você verá nos próximos capítulos, um protótipo de usuário é a chave para vários tipos de validação e é também uma de nossas ferramentas de comunicação mais importantes.

CAPÍTULO

48

Técnica do Protótipo de Dados em Tempo Real

Às vezes, a fim de abordar um risco grande identificado na descoberta, precisamos coletar alguns dados de uso reais. Mas precisamos coletar esta evidência durante a descoberta, bem antes de reservar tempo e dinheiro para desenvolvimento de um produto real entregável e escalável.

Alguns dos meus exemplos favoritos disso são a aplicação de dinâmicas de jogos, relevância de resultados de busca, várias funcionalidades que lidam com aspectos sociais e trabalho de funil de produto.

Este é o propósito de um protótipo de dados em tempo real.

Um *protótipo de dados em tempo real* é uma implementação muito limitada. Ele geralmente não tem nada da produtização que é normalmente exigida, como o conjunto inteiro de casos de uso, testes automatizados, instrumentação inteira de análise, internacionalização e localização, desempenho e escalabilidade, trabalho de SEO e assim por diante.

O protótipo de dados em tempo real é consistentemente menor do que o produto eventual e a expectativa é drasticamente mais baixa em termos de qualidade, desempenho e funcionalidade. Ele precisa funcionar bem o suficiente para coletar dados para alguns casos de uso muito específicos e ponto final.

Ao criar um protótipo de dados em tempo real, nossos engenheiros não lidam com todos os casos de uso. Eles não abordam trabalho de localização e internacionalização, desempenho ou escalabilidade, nem criam testes automatizados, e somente incluem instrumentação para os casos de uso específicos que eles estejam testando.

A chave é ser capaz de enviar alguma quantidade limitada de tráfego e coletar análises sobre como este protótipo de dados em tempo real está sendo usado.

Um protótipo de dados em tempo real é apenas uma fração pequena do esforço de produtização (na minha experiência, algo aproximadamente entre 5 e 10 por cento do trabalho de produtização de entrega eventual), mas você pode conseguir um grande valor disso. Todavia, duas grandes limitações devem sempre ser lembradas:

- Primeiro, é um código, logo, engenheiros devem criar o protótipo de dados em tempo real, não seus designers.
- Segundo, não é um produto comercialmente entregável, ele não está pronto para o desafio e não dá pra fazer negócio com ele. Então, se os testes de dados em tempo real forem bem e você decidir avançar e produtizar, você precisará permitir que seus engenheiros reservem um tempo exigido para fazer o trabalho de entrega necessário. Definitivamente *não* é bom para o gerente de produto falar para os engenheiros que isso é "bom o suficiente". Esse julgamento não depende do gerente de produto. E o gerente de produto realmente precisa ter certeza de que os stakeholders e os executivos principais entendem as limitações também.

Hoje, a tecnologia para criar protótipos de dados em tempo real é tão boa que podemos frequentemente conseguir o que precisamos de alguns dias até uma semana. E, uma vez que temos o protótipo, podemos iterar muito rapidamente.

Depois, discutiremos as técnicas de validação quantitativa e você verá as diferentes formas como podemos utilizar este protótipo de dados em tempo real. Mas, por ora, saiba que a chave é ser capaz de enviar alguma quantidade limitada de tráfego e coletar análises sobre como este protótipo de dados em tempo real está sendo usado.

O importante é que usuários reais utilizarão o protótipo de dados em tempo real para um trabalho real e isso gerará dados reais (análise) que podemos comparar com outro produto atual — ou com nossas expectativas — para ver se esta nova abordagem tem melhores resultados.

CAPÍTULO

49

Técnica do Protótipo Híbrido

Até agora, exploramos protótipos de usuário — que são puras simulações —, protótipos de viabilidade técnica para abordar riscos técnicos e protótipos de dados em tempo real destinados a coletar evidências ou mesmo prova estatisticamente relevante relacionada à eficácia de um produto ou uma ideia.

Apesar de essas três categorias de protótipos lidarem bem com muitas situações, uma ampla variedade de protótipos híbridos também combina diferentes aspectos de cada um destes de formas diferentes.

Um dos meus exemplos favoritos de um protótipo híbrido — e uma ferramenta excepcionalmente poderosa para aprender rapidamente na descoberta de produto — é hoje frequentemente referida como um protótipo *Mágico de Oz*. Um protótipo Mágico de Oz combina a experiência de usuário front-end de um protótipo de usuário de alta fidelidade, mas com uma pessoa real nos bastidores controlando manualmente o que basicamente seria controlado por automação.

Um protótipo Mágico de Oz é *absolutamente* não escalável e nós nunca enviaríamos nenhuma quantidade significativa de tráfego para ele, mas o benefício a partir da nossa perspectiva é que podemos criá-lo muito rápida e facilmente e, da perspectiva do usuário, se parece com um produto real.

Por exemplo, imagine que hoje você tenha algum tipo de ajuda baseada em chat em tempo real para seus clientes, mas que só esteja disponível durante as horas em que sua equipe de atendimento ao cliente está no escritório. Você sabe que seus clientes usam seu produto de todo o mundo em todas as horas, logo, gostaria de desenvolver um sistema baseado em chat automatizado que forneça respostas úteis a qualquer hora.

Estes tipos de protótipos híbridos são grandes exemplos da filosofia da descoberta de produto de construir coisas que não escalam.

Você poderia (e deveria) conversar com sua equipe de atendimento ao cliente sobre os tipos de perguntas que ela rotineiramente recebe e como ela responde (um *teste de concierge* poderia te ajudar a aprender isso rapidamente). Logo você desejará abordar os desafios deste tipo de automação.

Uma forma de aprender muito rapidamente e testar várias abordagens diferentes é criar um protótipo Mágico de Oz que forneça uma interface simples baseada em chat. Todavia, nos bastidores, é literalmente você como gerente de produto ou um outro membro de sua equipe que está recebendo as solicitações e respostas criadas. Logo começamos a fazer experiências com as respostas geradas pelo sistema talvez ainda usando um protótipo de dados em tempo real de nosso algoritmo.

Estes tipos de protótipos híbridos são grandes exemplos da filosofia da descoberta de produto de *construir coisas que não escalam*. Sendo um pouco inteligentes, podemos facilmente criar ferramentas que nos permitam aprender muito rapidamente. Reconhecidamente, é principalmente um aprendizado qualitativo, mas é frequentemente de onde nossos maiores insights vêm.

Técnicas de Teste de Descoberta

Visão Geral

Na descoberta de produto, estamos essencialmente tentando separar rapidamente as ideias boas das ruins conforme trabalhamos para tentar resolver os problemas de negócio designados para nós. Mas o que isso realmente significa?

Pensamos em quatro tipos de perguntas que tentamos responder durante a descoberta:

1. O usuário ou cliente escolherá usar ou comprar isso? (Valor)
2. O usuário consegue entender como se usa isso? (Usabilidade)
3. Podemos desenvolver isso? (Viabilidade técnica)
4. Esta solução é viável para nosso negócio? (Viabilidade de negócio)

Lembre-se de que, para várias das coisas em que nós trabalhamos, muitas ou todas estas perguntas são muito diretas e de baixo risco. Sua equipe é confiante. Eles estiveram lá e fizeram isso várias vezes antes, então logo prosseguiremos para a entrega.

A principal atividade de descoberta é quando estas respostas não estão claras.

Não existe ordem prescrita para responder estas perguntas. Todavia, várias equipes seguem uma certa lógica.

Primeiro, geralmente avaliamos o valor. Essa é frequentemente a mais difícil, e mais importante, pergunta a responder e, se o valor não estiver lá, nada mais importa. Provavelmente precisaremos abordar a usabilidade antes de o usuário ou cliente poder reconhecer o valor. Em ambos os casos, nós geralmente avaliamos a usabilidade e o valor com os mesmos usuários e clientes ao mesmo tempo.

Na descoberta de produto, estamos essencialmente tentando separar rapidamente as ideias boas das ruins conforme trabalhamos para tentar resolver os problemas de negócio designados para nós.

Uma vez que tenhamos algo que nossos clientes acreditam que seja verdadeiramente valioso e que tenhamos projetado de uma forma que acreditamos que nossos usuários possam entender como se usa, então tipicamente revisaremos a abordagem com os engenheiros para termos certeza de que ela é factível da perspectiva de viabilidade técnica deles.

Se também somos bons na viabilidade, então mostraremos isso para as partes principais do negócio onde possa haver preocupações (pense em jurídico, marketing, vendas, CEO, etc.). Frequentemente abordamos estes riscos de negócio por último porque não queremos provocar o resto da empresa a menos que estejamos confiantes que valha a pena. Também, às vezes as ideias que sobrevivem não são tão similares às ideias originais com que nós começamos e essas ideias originais podem ter surgido de um stakeholder de negócio. É muito mais eficaz mostrar a esse stakeholder alguma evidência do que realmente funcionou ou não com clientes e por que e como você está onde está.

CAPÍTULO

50

Testando a Usabilidade

O teste de usabilidade é tipicamente a forma mais direta e desenvolvida de teste de descoberta e existe há vários anos. As ferramentas são melhores e as equipes o fazem muito mais do que costumavam e esse teste não é um bicho de sete cabeças. A principal diferença é que hoje fazemos testes de usabilidade na descoberta — com protótipos, antes de desenvolvermos o produto — e não no fim, quando é realmente muito tarde para corrigir os problemas sem desperdício significativo ou algo pior.

Se sua empresa é grande o suficiente para ter seu próprio grupo de pesquisa de usuário, consiga o máximo de tempo deles para a sua equipe, pois, ainda que não consiga muito tempo, estas pessoas são frequentemente recursos ótimos, então seria uma ótima ajuda para você se conseguisse fazer amigos neste grupo.

Se sua empresa tem orçamento para serviços terceirizados, você pode usar uma das várias firmas de pesquisa de usuário para conduzir o teste para você. Mas, pelo preço que muitas empresas cobram, você possivelmente não conseguirá pagar a quantidade de testes que seu produto precisará. Se for como muitas empresas, você tem poucos recursos disponíveis e pouquíssimo dinheiro. Mas não pode deixar que isso te pare.

Então, te mostrarei como fazer este teste.

Não, você não será tão competente quanto um pesquisador de usuário treinado — pelo menos no começo — e você precisará de algumas sessões para pegar o jeito, mas, na maioria dos casos, você verá que pode identificar os pontos de fricção e problemas graves com seu produto, que é o que é importante.

Existem vários livros excelentes que descrevem como conduzir teste de usabilidade informal, então não os tentarei recriar aqui. Em vez disso, apenas enfatizarei os pontos principais.

Recrutando Usuários para Teste

Você precisará reunir algumas pessoas para os testes. Se estiver utilizando um grupo de pesquisa de usuário, ele provavelmente recrutará e agendará os usuários para você, o que é uma enorme ajuda, mas, se você estiver por conta própria, há várias opções:

- Se você estabeleceu o programa de descoberta de cliente que descrevi antes, você está provavelmente pronto — a menos que esteja desenvolvendo um produto para empresas. Se estiver trabalhando em um produto para consumidor, você desejará suplementar esse grupo.
- Você pode fazer anúncios para pessoas para teste no Craigslist ou pode configurar uma campanha usando o Google AdWords para recrutar usuários (o que é especialmente bom se você estiver procurando usuários que estejam *no momento* tentando usar um produto como o seu).
- Se você tiver uma lista de endereços de e-mail de seus usuários, você pode fazer uma seleção a partir daí. Seu gerente de marketing de produtos frequentemente pode lhe ajudar a reduzir a lista.
- Você pode solicitar voluntários no site da sua empresa — muitas das grandes empresas fazem isso agora. Lembre-se de que você ainda ligará para os voluntários e fará uma triagem com eles para ter certeza de que as pessoas que você selecionar estejam no seu mercado-alvo.

- Você sempre pode ir até onde os seus usuários se reúnem. Eventos da indústria para software para empresas, shoppings para e-commerce, bares de esportes para jogos de fantasia — você entendeu. Se o seu produto abordar uma necessidade real, você geralmente não terá problema para conseguir uma hora das pessoas. Leve alguns brindes de agradecimento.
- Se estiver pedindo para que usuários venham para o seu local, você provavelmente precisará compensá-los pelo tempo deles. Nós frequentemente encontramos um local mutuamente conveniente, como uma Starbucks. Esta prática tão comum é geralmente referida como *teste Starbucks.*

Preparando o Teste

- Nós geralmente fazemos testes de usabilidade com um *protótipo de usuário de alta fidelidade*. Você pode conseguir algum feedback de usabilidade útil com um protótipo de usuário de baixa ou média fidelidade, mas para o teste de valor que tipicamente segue o teste de usabilidade precisamos que o produto seja mais realista (explicarei isso depois).
- Na maior parte do tempo, fazemos um teste de valor e/ou de usabilidade com o gerente de produto, o designer de produto e um dos engenheiros da equipe (desses que gostam de tratar disso). Eu gosto de alternar entre os engenheiros. Conforme mencionei anteriormente, a mágica frequentemente acontece quando um engenheiro está presente, logo, tento encorajar isso sempre que possível. Se algum pesquisador de usuário estiver te ajudando com o teste atual, ele tipicamente administrará o teste, mas o designer e o gerente de produto devem estar lá para cada e todo o teste.
- Você precisará definir antecipadamente o conjunto de tarefas que quer testar. Geralmente, elas são razoavelmente óbvias. Se, por exemplo, você estiver desenvolvendo um app de despertador para

um dispositivo móvel, seus usuários precisarão fazer coisas como ajustar um alarme, encontrar e ativar o botão de soneca, etc. Pode haver também mais tarefas obscuras, mas concentre-se nas tarefas principais — aquelas que os usuários farão na maior parte do tempo.

- Algumas pessoas ainda acreditam que o gerente de produto e o designer de produto são muito próximos do produto para fazerem este tipo de teste objetivamente e que eles podem se sentir ofendidos ou somente ouvir o que eles querem ouvir. Superamos este obstáculo de duas formas. Primeiro, treinamos os designers e gerentes de produto para conduzir o teste e, segundo, nos certificamos de que o teste aconteça rapidamente — antes de eles se apaixonarem pelas próprias ideias. Bons gerentes de produto sabem que errarão no produto inicialmente, e que ninguém acerta de primeira. Sabem que aprender com esses testes é o caminho mais rápido para um produto de sucesso.
- Uma pessoa deve administrar o teste de usabilidade e outra deve anotar observações. É útil ter, pelo menos, outra pessoa com quem conversar sobre o teste a fim de garantir que ambos viram as mesmas coisas e chegaram às mesmas conclusões.
- Laboratórios de teste formais tipicamente terão configurações com espelhos falsos ou monitores de vídeo com circuito fechado com câmeras que capturam tanto a tela quanto o usuário de frente. É ótimo se você tiver isso, mas não dá para contar quantos protótipos eu testei em uma pequena mesa na Starbucks — de tamanho suficiente para três ou quatro cadeiras ao redor da mesa. Na verdade, de várias formas, isso é preferível do que o laboratório de teste porque o usuário se sente muito menos como um rato de laboratório.
- O outro ambiente que funciona realmente bem é o escritório do seu cliente. Isso pode exigir bastante tempo, mas mesmo 30 minutos no escritório dele pode te dizer muita coisa. Ele é mestre do domínio dele e frequentemente muito falante. Além disso, todas as pistas estão lá para lembrá-lo de como ele poderia usar o produto. Você pode também aprender vendo como é o escritório dele. Qual é o

tamanho do monitor dele? Qual é a velocidade da conectividade de rede e do computador dele? Como ele se comunica com os colegas nas tarefas de trabalho dele?

Queremos aprender se o usuário ou cliente realmente tem os problemas que nós achamos que ele tem, como ele os resolve hoje e o que o levaria a trocar.

- Existem ferramentas para fazer este tipo de teste remotamente e eu encorajo isso, mas elas são principalmente destinadas para o teste de usabilidade e não para o teste de valor que geralmente se seguirá. Logo, eu vejo o teste de usabilidade remota como um suplemento em vez de uma substituição.

Testando Seu Protótipo

Agora que seu protótipo está pronto e alinhado com seus sujeitos de teste e que já preparou as tarefas e perguntas, leia este conjunto de dicas e técnicas para administrar o teste real.

Antes de você seguir, queremos aproveitar a oportunidade para aprender como ele pensa sobre este problema hoje. Se você se lembra das perguntas principais da *Técnica de Entrevista do Cliente*, queremos aprender se o usuário ou cliente realmente tem os problemas que nós achamos que ele tem, como ele os resolve hoje e o que o levaria a trocar.

- Quando começar o teste de usabilidade, certifique-se de contar para o sujeito que é apenas um protótipo, uma ideia de produto muito prematura e não real. Explique que ele não te ofenderá por dar um feedback sincero, bom ou mau. Você testará as ideias no protótipo, você não testará *ele*. *Ele* não pode ser aprovado ou reprovado — somente o protótipo pode ser aprovado ou reprovado.
- Mais uma coisa antes de você mergulhar nas tarefas: veja se ele pode dizer, a partir da tela inicial do seu protótipo, o que o produto faz e especialmente o que poderia ser valioso ou apelativo para ele. De novo, uma vez que ele mergulhar nas tarefas, você perderá esse

contexto de visitante de primeira viagem, então não desperdice a oportunidade. Você descobrirá que as telas iniciais são incrivelmente importantes para tapar o buraco entre as expectativas e o que o produto faz.

- Ao testar, faça o possível para manter os seus usuários em *modo de uso* e fora do *modo de crítica.* O que importa é se os usuários conseguem facilmente fazer as tarefas que precisam fazer. Realmente não importa se o usuário ache que algo na página é feio ou que deveria ser movido ou trocado. Às vezes, avaliadores mal orientados farão perguntas como "Quais as três coisas na página que você mudaria?" Para mim, a menos que esse usuário calhe de ser um designer de produtos, eu realmente não me interesso por isso. Se os usuários soubessem o que realmente querem, seria muito mais fácil criar o software. Então, observe mais o que eles fazem do que o que eles dizem.

- Durante o teste, a habilidade principal que você tem que aprender é manter-se quieto. Quando vemos alguém se esforçando, muitos de nós têm uma urgência natural de ajudar a pessoa. Você precisa reprimir essa urgência. É o seu trabalho se transformar em um conversador horrível. Fique confortável com o silêncio — ele é seu amigo.

- Você está procurando três casos importantes: (1) o usuário terminou a tarefa sem nenhum problema e nenhuma ajuda; (2) o usuário teve dificuldade e resmungou um pouco, mas ele eventualmente terminou; (3) ele ficou tão frustrado que desistiu. Às vezes, as pessoas desistirão rapidamente, então pode ser que você precise encorajá-las para continuar tentando um pouco mais. Mas se ele chegou ao ponto que você acredita que ele verdadeiramente deixaria o produto e iria para um concorrente, você observa que ele realmente desistiu.

- Em geral, evite oferecer qualquer ajuda ou *conduzir a testemunha* de qualquer forma. Se vir o usuário rolando a página para cima e para baixo e claramente procurando por algo, não tem problema perguntar ao usuário pelo que especificamente ele está procurando, pois essa informação é muito valiosa para você. Algumas pessoas pedem para os usuários se manterem em uma narração contínua do que elas estão pensando, mas eu acho que isso tende a colocar as pessoas em modo de crítica, já que não é um comportamento natural.

A questão é ganhar um entendimento mais profundo dos seus usuários e clientes e, é claro, identificar os pontos de resistência no protótipo para que possa consertá-los.

- Aja como um papagaio. Isso ajuda de várias formas. Primeiramente, ajuda a evitar que você induza algo. Se ele estiver quieto e você realmente não aguentar isso porque está desconfortável, fale para ele o que ele está fazendo: "Vejo que você está olhando para a lista na direita." Isso vai instigá-lo a falar para você o que ele está tentando fazer, o que ele está procurando ou qualquer outra coisa. Se ele fizer uma pergunta, em vez de dar uma resposta induzida, você pode jogar a pergunta de volta para ele. Ele pergunta: "Clicar nisso fará uma nova entrada?" e você pergunta de volta: "Você imagina que clicar nisso fará uma nova entrada?" Geralmente, ele continuará a conversa porque desejará responder sua pergunta: "Sim, eu acho que sim." Papaguear também ajuda a evitar julgamentos de valor de liderança. Se você tiver a urgência de dizer: "Ótimo!", pode dizer: "Você criou uma entrada." Finalmente, papaguear ações importantes também ajuda seu "tomador de notas", porque ele tem mais tempo de anotar coisas importantes.
- Fundamentalmente, você está tentando entender o que seus usuários- alvo pensam sobre este problema e identificar lugares no seu protótipo em que o modelo do software seja inconsistente ou incompatível com a maneira como o usuário pensa no problema. Isso é ser contraintuitivo. Felizmente, quando você percebe isso, geralmente não é difícil consertar e essa pode ser uma grande vitória para o seu produto.

- Você verá que pode aprender muito a partir da linguagem corporal e tom. É tediosamente óbvio quando ele não gosta de suas ideias e também fica claro quando ele genuinamente gosta. O cliente quase sempre pedirá que você envie um e-mail quando o produto for lançado se gostar do que vir e, se realmente gostar, tentará consegui-lo com você antecipadamente.

Resumindo o aprendizado

A questão é ganhar um entendimento mais profundo dos seus usuários e clientes e, é claro, identificar os pontos de resistência no protótipo para que possa consertá-los. Pode ser nomenclatura, fluxo, problemas de design visual ou problemas de modelo mental, mas assim que você achar que identificou um problema, conserte-o no protótipo. Não existe nenhuma lei que diga que você tenha que manter o teste idêntico para todos os seus sujeitos do teste. Esse tipo de pensamento origina-se do mal entendimento da função que este tipo de teste qualitativo desempenha. Não estamos tentando provar nada aqui, apenas estamos tentando aprender rapidamente.

Após cada sujeito do teste ou após cada conjunto de testes, alguém — geralmente o gerente de produto ou o designer — escreve um e-mail com um resumo breve dos aprendizados principais e o envia para a equipe de produtos. Mas esqueça grandes relatórios que demoram muito tempo para escrever, que sejam pouco lidos e que sejam obsoletos pelo tempo que eles foram entregues porque o protótipo já progrediu muito além do que estava acostumado quando os testes foram feitos. Eles realmente não valem o tempo de ninguém.

CAPÍTULO

51

Testando o Valor

Clientes não têm que comprar nossos produtos e usuários não têm que escolher usar uma funcionalidade. Eles somente farão isso se perceberem um *valor* real. Outra forma de pensar sobre isso é que apenas porque alguém *pode* usar nosso produto não significa que *escolherá* usar nosso produto. Ainda mais quando você estiver tentando fazer seus clientes ou usuários trocarem de qualquer que seja o produto ou sistema que eles estavam usando antes para seu novo produto. E, na maior parte do tempo, nossos usuários e clientes estão trocando alguma coisa que já usam — mesmo que seja uma solução caseira.

Muitas empresas e equipes de produtos pensam que só precisam combinar as funcionalidades (referidos como *paridade de funcionalidades*) e então não entendem por que seu produto não vende, mesmo a um preço mais baixo.

O cliente deve perceber que o seu produto é *consideravelmente melhor* para motivar-se a comprá-lo e então passar pela chateação e obstáculos de migrar da sua antiga solução.

Apenas porque alguém pode usar nosso produto não significa que escolherá usar nosso produto.

Tudo isso para dizer que boas equipes de produtos passam a maior parte do seu tempo na criação de valor. Se o valor estiver lá, podemos consertar todo o resto. Se não estiver, não importa o quão bons sejam nossa usabilidade, nossa confiabilidade ou nosso desempenho.

Existem vários elementos de valor e existem técnicas para testar todos eles.

Testando a Demanda

Às vezes, não é claro se existe *demanda* para o que queremos desenvolver. Em outras palavras, os clientes se importam com o problema para o qual podemos criar uma excelente solução? O suficiente para comprar um novo produto e usá-lo? Este conceito de teste de demanda se aplica ao produto inteiro ou até uma funcionalidade específica em um produto existente.

Não podemos apenas assumir que existe demanda, embora frequentemente a demanda seja bem estabelecida porque, na maior parte do tempo, nossos produtos estão entrando em um mercado existente com demanda mensurável e demonstrada. O real desafio nessa situação é se nós podemos inventar uma solução demonstravelmente melhor em termos de valor do que as alternativas.

Testando o Valor Qualitativamente

O tipo mais comum de teste de valor qualitativo foca a *resposta* ou reação. Os clientes amam o produto? Pagarão por ele? Os usuários escolherão usá-lo? E o mais importante, se não, por que não?

Testando o Valor Quantitativamente

Para vários produtos, precisamos testar a *eficácia*, o que se refere ao quão bem esta solução resolve o problema subjacente. Em alguns tipos de produtos, isso é muito objetivo e quantitativo. Por exemplo, na publicidade online podemos medir o faturamento gerado e facilmente compará-lo a outras alternativas de publicidade online. Em outros tipos de produtos, como jogos, isso é muito menos objetivo.

CAPÍTULO

52

Técnicas de Teste de Demanda

Uma das maiores perdas de tempo e de esforços e a razão para inúmeras startups fracassarem é uma equipe projetar e desenvolver um produto — testando usabilidade, confiabilidade, desempenho e fazendo tudo o que eles acham que têm que fazer — e, ainda assim, quando finalmente o lança, perceber que as pessoas não vão comprá-lo.

Ainda pior, é um número significativo de pessoas se inscreverem para uma versão teste, mas por alguma razão decidirem não comprar. Geralmente, podemos nos recuperar disso. É que eles não querem nem se inscrever para a versão teste. Isso é um problema frequentemente fatal e enorme.

Você poderia experimentar com precificação, posicionamento e marketing, mas eventualmente concluiria que simplesmente não é um problema com que as pessoas estão preocupadas o bastante.

A pior parte deste cenário é que, na minha experiência, isso é muito facilmente evitado.

O problema que acabei de descrever pode acontecer no nível de produto, como um produto totalmente novo de uma startup ou no nível de funcionalidades. No caso de funcionalidades é deprimentemente comum. Todos os dias, novas funcionalidades são implementadas sem que sejam utilizadas. E este é o caso mais fácil de prevenir.

Suponha que você esteja contemplando uma nova funcionalidade, talvez porque um cliente grande esteja pedindo ou talvez porque você viu que um concorrente tem o recurso ou talvez porque é o recurso favorito do seu CEO. Você fala sobre o recurso com sua equipe e seus engenheiros apontam para você que o custo de implementação é considerável. Não é impossível, mas não é fácil também — o suficiente para que você não queira desenvolvê-lo e descobrir mais tarde que ele não foi usado.

Uma das maiores perdas de tempo e de esforços e a razão para inúmeras startups fracassarem é uma equipe projetar e desenvolver um produto e, ainda assim, quando finalmente o lança, perceber que as pessoas não vão comprá-lo.

A técnica de teste de demanda é chamada de *teste de demanda de porta falsa*. A ideia é que nós coloquemos o botão ou item de menu na interface de usuário exatamente onde acreditamos que ele deveria estar. Mas, quando o usuário clica nesse botão, em vez de levá-lo para a nova funcionalidade, ele o leva para uma página específica que explica que você está estudando a possibilidade de adicionar este novo recurso e está buscando clientes para conversar sobre isso. A página também disponibiliza uma forma para o usuário se voluntariar (fornecendo seu e-mail ou número de telefone, por exemplo).

O que é crucial para isso ser eficaz é que os usuários não tenham nenhuma indicação visível de que é um teste até que cliquem nele. O benefício é que podemos rapidamente coletar alguns dados muito úteis que vão nos permitir comparar a taxa de cliques neste botão com as nossas expectativas ou com outros recursos. E então podemos dar continuidade com os clientes a fim de ter um entendimento melhor do que eles esperariam.

O mesmo conceito básico se aplica aos produtos inteiros. Em vez de um botão em uma página, nós configuramos a página inicial para o funil da nova oferta. Isso é chamado de um *teste de demanda de landing page*. Descrevemos essa nova oferta exatamente como faríamos se estivéssemos realmente lançando o serviço. A diferença é que, se o usuário clicar na chamada para ação, em vez de inscrever-se para a versão teste (ou qualquer outra ação), o usuário vê uma página que explica que você está estudando a possibilidade de adicionar esta nova oferta e que gostaria de conversar com ele, se ele estiver de acordo.

Com ambas as formas de teste de demanda, podemos mostrar o teste para todo usuário (no caso de uma startup inicial) ou para apenas uma porcentagem muito pequena de usuários ou em uma geografia específica (no caso de uma empresa maior).

Espero que você perceba o quanto isso é fácil e possa rapidamente coletar duas coisas muito úteis: (1) alguma boa evidência na demanda e (2) uma lista de usuários que estejam muito prontos e dispostos a conversar com você sobre esta nova oferta.

Na prática, a demanda geralmente não é o problema. Pessoas se inscrevem para a nossa versão teste. O problema é que elas experimentam nosso produto e não ficam empolgadas com ele — pelo menos não animadas o suficiente para trocar o que elas atualmente usam. E lidar com isso é a proposta das técnicas quantitativas e qualitativas nos capítulos a seguir.

Teste de Descoberta em Empresas Avessas a Risco

Muito tem sido escrito sobre como fazer a descoberta de produto em startups — por mim e por vários outros. Existem vários desafios para startups, mas o mais importante é a sobrevivência.

Uma das vantagens reais para startups do ponto de vista de produto é que não existe legado, nenhum faturamento para preservar e nenhuma reputação para salvaguardar. Isso nos permite mover muito rapidamente e tomar riscos significativos sem muita desvantagem.

Todavia, uma vez que o seu produto se desenvolve até o ponto em que ele pode sustentar um negócio viável (parabéns!), você agora tem algo para perder e não é surpreendente que algumas das dinâmicas da descoberta de produto precisem mudar. Minha meta aqui é destacar estas diferenças e descrever como as técnicas são modificadas em empresas consolidadas maiores.

(continua)

(continuação)

Outros têm escrito sobre como aplicar estas técnicas em corporações, mas, no todo, não fiquei particularmente impressionado com o conselho que eu vi. Muito frequentemente, a sugestão é construir uma equipe protegida e fornecer a ela alguma cobertura aérea, assim ela pode ir para a rua e inovar. Primeiro de tudo, o que isso diz sobre as pessoas que não estão nestas equipes de inovação *específicas*? O que isso diz sobre os produtos *existentes* da empresa? E, mesmo quando algo realmente ganha alguma tração, o quão bem você acha que as equipes de produtos existentes aceitarão este aprendizado? Estas são algumas das razões pelas quais eu não sou um defensor dos chamados laboratórios de inovação corporativa.

Eu venho há muito tempo argumentando que as técnicas de descoberta de produtos, o aprendizado e o teste rápido absolutamente se aplicam a grandes empresas consolidadas e não apenas a startups. As melhores empresas de produtos — incluindo Apple, Amazon, Google, Facebook e Netflix — são grandes exemplos onde este tipo de inovação é institucionalizado. Nestas empresas, inovação não é algo que apenas algumas pessoas têm permissão de perseguir. Isso é responsabilidade de *todas* as equipes de produtos.

Mas, antes de ir adiante, quero enfatizar o ponto mais importante para empresas de tecnologia: se parar de inovar, você morrerá. Talvez não imediatamente, mas se apenas otimizar suas soluções existentes e parar de inovar, é somente uma questão de tempo antes de você ser o almoço de outra pessoa.

Acredito que seja não negociável que nós simplesmente devamos continuar a mover nossos produtos para a frente e entregar mais valor para nossos clientes.

Contudo, precisamos fazer isso de uma forma responsável. Isso realmente significa fazer duas coisas realmente grandes — proteger seu faturamento e marca e seus funcionários e clientes.

Proteger Faturamento e Marca

A empresa desenvolveu uma reputação e ganhou faturamento, sendo assim, é responsabilidade da equipe de produtos que o processo de descoberta proteja essa reputação e faturamento. Temos mais técnicas do que nunca para fazer isso, incluindo várias técnicas para a criação de protótipos de baixo risco e de baixo custo e para fornecer coisas que funcionem com investimento mínimo e exposição limitada. Adoramos protótipos de dados em tempo real e estruturas de teste A/B.

Várias coisas não constituem um risco para a marca ou faturamento, mas, para o que constitui, nós utilizamos técnicas para mitigar este risco. Na maior parte do tempo, um teste A/B com 1% ou menos dos clientes expostos é ótimo para isso.

Às vezes, todavia, precisamos ser ainda mais conservadores. Em tais casos, faremos um teste de dados em tempo real somente para convidados ou utilizaremos nossos clientes do programa de descoberta de cliente que estejam sob NDA [acordo no qual o que pode ou não ser comunicado é regido por contrato]. Existem várias outras técnicas no mesmo espírito de teste e aprendizado de uma forma responsável.

Proteger Funcionários e Clientes

Além de proteger faturamento e marca, também precisamos proteger nossos funcionários e nossos clientes. Se nosso atendimento ao cliente, serviços profissionais ou equipe de vendas são pegas de surpresa pela constante mudança, seu trabalho fica comprometido e não poderão tratar muito bem os clientes.

Similarmente, clientes que têm a sensação de que seu produto está sempre mudando e têm, constantemente, que reaprender a usá-lo não serão clientes felizes por muito tempo.

(continua)

(continuação)

É por isso que usamos técnicas de entregas mais brandas, incluindo avaliação de impacto no cliente. Embora isso possa parecer contraintuitivo, a entrega contínua é uma técnica branda muito poderosa e, quando usada apropriadamente junto com a avaliação de impacto no cliente, ela é uma ferramenta poderosa para proteger nossos clientes.

De novo, a maior parte dos experimentos e mudanças não são problemas, mas é nossa responsabilidade sermos proativos com os clientes e funcionários e sensatos para mudar.

Não me leve a mal. Não estou argumentando que a inovação nas corporações é fácil — não é. Mas não é porque as técnicas de descoberta de produtos são os obstáculos para inovação. Elas são absolutamente cruciais para entregar consistentemente mais valor aos clientes.

Existem problemas mais amplos nas grandes empresas consolidadas que tipicamente criam obstáculos para a inovação.

Se você está em uma empresa grande, saiba que deve se movimentar ativamente para continuar melhorando seu produto, bem além de otimizações pequenas. Mas também deve fazer este produto funcionar de maneira que proteja a marca e o faturamento e seus funcionários e seus clientes.

CAPÍTULO

53

Técnicas de Teste de Valor Qualitativo

O teste quantitativo nos fala o que está acontecendo (ou não), mas ele não pode dizer o *porquê* e o que fazer para corrigir a situação. É por isso que fazemos o teste qualitativo. Se usuários e clientes não estão respondendo a um produto do jeito que nós esperávamos, precisamos descobrir por que esse é o caso.

Como um lembrete, o teste qualitativo não quer provar nada. É para isso que o teste quantitativo serve. O teste qualitativo serve para aprendizado rápido e grande insights.

Ao fazer este tipo de teste de usuário qualitativo, não há uma resposta de apenas um usuário, mas de vários, e cada um deles fornece uma peça para completar o quebra-cabeça. Eventualmente, você vê o suficiente do quebra-cabeça para que possa entender onde deu errado.

> *Argumento que o teste qualitativo das suas ideias de produto com usuários e clientes reais é provavelmente a atividade de descoberta mais importante para você e sua equipe de produtos.*

Sei que é polêmico, mas argumento que o teste qualitativo das suas ideias de produto com usuários e clientes reais é provavelmente *a atividade de descoberta mais importante* para você e sua equipe de produtos. É tão importante e útil que eu pressiono as equipes de produtos para fazerem pelo menos *dois ou três testes de valor qualitativo toda semana*. Veja como fazer isso:

Entreviste Primeiro

Geralmente começamos o teste de usuário com uma entrevista de usuário curta na qual tentamos ter certeza de que nosso usuário tem os problemas que achamos que ele tem, como ele resolve estes problemas hoje e o que o levaria a trocar (veja o Capítulo 41: "Entrevistas de Cliente").

Teste de Usabilidade

Temos várias boas técnicas para testar o valor qualitativamente, mas elas todas dependem de o usuário primeiro entender o que seu produto é e como ele funciona. É por isso que um teste de valor é sempre precedido de um teste de usabilidade.

Durante o teste, verificamos se o usuário pode descobrir como operar nosso produto, mas, o mais importante é que, após um teste de usabilidade, o usuário sabe do que se trata o seu produto e como deve ser usado. Somente depois podemos ter uma conversa útil com o usuário sobre valor (ou falta dele).

Assim, a preparação de um teste de valor inclui preparar um teste de usabilidade. Descrevi como preparar e executar um teste de usabilidade no último capítulo, então, por ora, deixe-me enfatizar novamente que é importante conduzir o teste de usabilidade *antes* do teste de valor e fazer um imediatamente após o outro.

Se você tentar fazer um teste de valor sem dar ao usuário ou cliente a oportunidade de aprender como usar o produto, então o teste se torna mais como um grupo de foco, onde pessoas conversam hipoteticamente sobre seu produto e tentam imaginar como ele funciona. Para ser claro: grupos de foco poderiam ser úteis para ganhar insights de mercado, mas não são úteis na descoberta do produto que precisamos entregar (veja Princípio de Descobertas de Produto nº 1).

Este teste envolve pelo menos você como gerente de produto e seu designer de produto, mas estou constantemente surpreso com que frequência a *mágica* acontece quando um de seus engenheiros está lá observando o teste qualitativo com você. Então, vale a pena você pressionar para fazer isso acontecer o máximo possível.

Para testar a usabilidade e o valor, o usuário precisa ser capaz de usar um dos protótipos que descrevemos anteriormente. Quando estamos focados em testar o valor, geralmente utilizamos *protótipos de usuários de alta fidelidade.*

Alta fidelidade significa parecer muito realista, o que é especialmente importante para o teste de valor. Você também pode usar um protótipo de dados em tempo real ou um protótipo híbrido.

Testes de Valor Específico

O maior desafio em testar valor quando você está sentado frente a frente com usuários e clientes reais é que as pessoas são geralmente simpáticas — e não estão dispostas a falar para você o que elas *realmente* pensam. Então, todos os nossos testes de valor são designados para certificar que a pessoa *não está apenas sendo simpática com você.*

Usando Dinheiro para Demonstrar Valor

Uma técnica de que gosto para medir o valor é ver se o usuário estaria disposto a pagar por ele, mesmo se você não tiver a intenção de cobrá-lo por isso. Testamos se o usuário pegaria seu cartão de crédito imediatamente para comprar o produto (mas não queremos realmente as informações do cartão).

Se ele for um produto caro — além do que alguém pagaria em um cartão de crédito —, você pode perguntar se elas assinaram uma "carta de intenção de caráter não obrigatório para comprá-lo", o que é um bom indicador de que as pessoas estão falando sério.

Usando Reputação para Demonstrar Valor

Mas existem outros jeitos de um usuário "pagar" por um produto. Você pode ver se ele estaria disponível a pagar com a reputação dele. Você pode perguntar o quão provavelmente ele recomendaria o produto para seus amigos ou colegas de trabalho ou chefe (tipicamente em uma escala de 0 a 10). Você pode pedir para compartilharem nas mídias sociais. Você pode pedir o e-mail do chefe ou de amigos dele para uma recomendação (mesmo que nós não salvemos os e-mails, é muito significativo se as pessoas estiverem dispostas a fornecê-los).

Usando o Tempo para Demonstrar Valor

Especialmente com empresas, você também pode perguntar à pessoa se ela estaria disponível para agendar algum tempo significativo com você para trabalhar nisso (mesmo se não precisarmos disso). Este é um outro jeito que as pessoas pagam pelo valor.

Usando Acesso para Demonstrar Valor

Você pode pedir para fornecerem as credenciais de login para qualquer que seja o produto que estejam trocando (porque você fala para elas que existe uma funcionalidade de migração ou algo parecido). Novamente, não queremos realmente o login e senha delas — apenas queremos saber se elas valorizam o nosso produto o suficiente para que estejam verdadeiramente dispostas a trocar imediatamente.

Iterando o Protótipo

Lembre-se, não se trata de provar nada. Queremos um aprendizado rápido. Assim que você acreditar que tem um problema ou quiser testar uma abordagem diferente, teste.

Por exemplo, se você mostra o seu protótipo para duas pessoas diferentes e a resposta é consistentemente diferente, seu trabalho é tentar descobrir o porquê. Talvez você tenha dois tipos diferentes de clientes, com diferentes tipos de problemas. Talvez você tenha diferentes tipos de usuários, com diferentes conjuntos de habilidades ou conhecimento de domínio. Talvez eles estejam executando diferentes soluções hoje e um esteja feliz com sua solução atual e o outro não.

Como gerente de produto, você precisa estar em todo teste de valor qualitativo. Não delegue isso.

Você pode determinar que simplesmente não há pessoas interessadas neste problema ou pode descobrir um jeito de tornar o produto usável o suficiente para que seus usuários-alvo possam perceber este valor. Nesse caso, você pode decidir parar aí mesmo e colocar a ideia na prateleira. Alguns gerentes de produtos consideram isso um grande fracasso. Eu vejo isso como salvar a empresa do custo desperdiçado de desenvolvimento e entrega de um produto que seus clientes não valorizam (e não comprarão), mais o custo de oportunidade do que sua equipe de engenharia poderia desenvolver em vez disso.

O notável sobre este tipo de teste qualitativo é o quão fácil e eficaz ele é. O melhor jeito de provar isso para você mesmo é levar o seu notebook ou dispositivo móvel com o seu produto ou protótipo para alguém que nunca o tenha visto antes e simplesmente deixá-lo experimentar.

Uma observação importante. Como gerente de produto, você precisa estar em todo teste de valor qualitativo. Não delegue isso e certamente não tente contratar uma firma para fazer isso para você. Sua contribuição para a equipe vem da experiência com o máximo de usuários possíveis, em primeira mão, interagindo e respondendo as ideias da equipe. Se você trabalhasse para mim, a continuidade de seu salário mensal dependeria disso.

CAPÍTULO

54

Técnicas de Teste de Valor Quantitativo

Enquanto o teste qualitativo é uma questão de aprendizado rápido e grandes insights, as técnicas quantitativas servem para coletar evidências.

Nós às vezes coletaremos dados suficientes para que tenhamos *resultados estatisticamente relevantes* (especialmente com serviços para consumidores com muito tráfego diário) e outras vezes diminuiremos as expectativas e apenas coletaremos dados de uso real que consideramos *evidências* úteis — junto com outros fatores — para tomar uma decisão informada.

Este é o propósito principal do protótipo de dados em tempo real sobre o qual discutimos anteriormente. Como um lembrete, um protótipo de dados em tempo real é uma das formas de protótipo criadas na descoberta de produto dedicada a expor certos casos de uso para um grupo limitado de usuários para coletar alguns dados de uso reais.

Temos algumas formas principais para coletar estes dados e a técnica que selecionamos depende da quantidade de tráfego e de tempo que temos e da nossa tolerância ao risco.

Em um ambiente de startups, normalmente, não temos muito tráfego e também não temos muito tempo, mas geralmente somos ótimos com risco (não temos muito a perder ainda).

Em uma empresa mais estabelecida, frequentemente temos muito tráfego, temos alguma quantidade de tempo (geralmente estamos preocupados com a gerência perdendo a paciência) e a empresa é geralmente mais avessa ao risco.

Enquanto o teste qualitativo é uma questão de aprendizado rápido e grandes insights, as técnicas quantitativas servem para coletar evidências.

Teste A/B

O padrão de ouro para este tipo de teste é um teste A/B. Adoramos os testes A/B porque o usuário não sabe que versão do produto ele está vendo. Isso rende dados que são muito preditivos, que é o que nós idealmente queremos.

Tenha em mente que este teste A/B é ligeiramente diferente do *teste A/B de otimização*. É no teste de otimização que experimentamos com diferentes chamadas para ação do usuário, diferentes tratamentos de cores em um botão e assim por diante. Conceitualmente, eles são o mesmo, mas, na prática, existem algumas diferenças. O teste de otimização fica normalmente na superfície com alterações de baixo risco, que frequentemente testamos em um split test (50:50).

No *teste A/B na descoberta*, geralmente temos um produto atual aparecendo para 99% de nossos usuários e o protótipo de dados em tempo real aparecendo para 1% de nossos usuários ou menos. Monitoramos o teste A/B mais de perto.

Teste Somente por Convite

Se sua empresa é mais avessa ao risco ou se você não tem tráfego suficiente para mostrar para 1% — ou mesmo 10% — e conseguir resultados úteis em curto período de tempo, então outra forma eficaz para coletar evidência é o teste somente *por convite*. É aqui que você identifica um conjunto de usuários ou clientes que você contata e convida para testar a nova versão. Você fala para eles que é uma versão experimental, assim eles efetivamente optam por executá-lo ou não.

Os dados que este grupo gera não são tão preditivos quanto um teste A/B às cegas e verdadeiro. Percebemos que aqueles que aceitam são geralmente os adotantes iniciais. Contudo, estamos conseguindo um grupo de usuários reais fazendo o trabalho deles com o nosso protótipo de dados em tempo real e estamos coletando dados realmente interessantes.

Não posso dizer com que frequência pensamos que temos algo que eles amam, o disponibilizamos para um grupo limitado como este e descobrimos que eles não sentem o mesmo que nós. Infelizmente, com um teste quantitativo como este, nós todos sabemos, com certeza, que eles não estão usando — não conseguimos saber o porquê. É aí que aplicamos um teste qualitativo para avaliar e rapidamente aprender por que eles não estão tão interessados no produto como nós esperávamos.

Programa de Descoberta de Cliente

Uma variação do teste somente por convite é utilizar os membros do programa de descoberta de clientes sobre o qual discutimos na seção de técnicas de ideação. Estas empresas e pessoas já optaram por testar novas versões e você já tem um relacionamento próximo com eles, então você pode dar seguimento facilmente.

Para produtos para negócios, costumo usar essa como minha técnica principal para coletar dados de uso reais. Os clientes do programa de descoberta de cliente recebem atualizações frequentes para o protótipo de dados em tempo real e comparamos os dados de uso deles com esse dos nossos clientes mais abrangentes.

A Função das Análises de Dados

Uma das mudanças mais significativas em como fazemos produto hoje é nossa utilização de análises de dados. Espera-se que qualquer gerente de produto capaz esteja confortável com dados e entenda como alavancar análises para aprender e melhorar rapidamente.

Espera-se que qualquer gerente de produto capaz esteja confortável com dados e entenda como alavancar análises para aprender e melhorar rapidamente.

Eu atribuo esta mudança a vários fatores.

Primeiro, como o mercado para nossos produtos tem expandido drasticamente devido ao acesso global — e também pelos dispositivos conectados —, o volume absoluto de dados tem aumentado drasticamente, o que nos dá resultados interessantes e drástica e significantemente muito mais rapidamente.

Segundo, as ferramentas para acessar e aprender a partir destes dados têm melhorado significativamente. Tenho visto um aumento na consciência sobre a função que os dados podem desempenhar ao ajudar você a aprender e se adaptar rapidamente.

Existem cinco usos principais de análises em fortes equipes de produtos. Vamos dar uma olhada de perto em cada um destes usos:

Entenda o Comportamento do Cliente e do Usuário

Quando a maior parte das pessoas pensa em análise de dados, elas pensam em análises de *dados do usuário*. Isto é, todavia, mais um tipo de análise. A ideia é entender como nossos usuários e clientes estão usando nossos produtos (lembre-se, podem haver vários usuários em um único cliente — pelo menos no contexto B2B). Nós podemos fazer isso para identificar funcionalidades que não estão sendo usadas ou confirmar que funcionalidades estão sendo usadas conforme esperamos ou simplesmente ganhar um entendimento melhor da diferença entre o que as pessoas dizem o que elas realmente fazem.

Este tipo de análise tem sido coletado e usado para este propósito por boas equipes de produtos há pelo menos 30 anos. [Uma década antes da ascensão da web, desktops e servidores que eram capazes de fazer call home e uploads de análise de comportamento, que eram então usados pela equipe de produtos a fim de fazer melhorias.] Isso para mim é uma das pouquíssimas coisas não negociáveis em produtos. Minha visão é que, se você estiver indo colocar uma funcionalidade, você precisa colocar pelo menos as análises de uso básico para essa funcionalidade. Do contrário, como você saberá se ela está funcionando como ela precisa?

Meça os Progressos do Produto

Faz tempo que venho sendo um defensor ferrenho do uso de dados para direcionar equipes de produtos. Em vez de fornecer à equipe um roadmap à moda antiga que lista sugestões com relação a quais recursos podem ou não funcionar, prefiro fornecer à equipe de produtos um conjunto de objetivos de negócio — com metas mensuráveis — e então a equipe toma as decisões referentes a quais são as melhores formas de atingir essas metas. Focar resultados e não entregas faz parte do objetivo maior do produto.

Prove Se as Ideias de Produtos Funcionam

Hoje, especialmente para empresas de consumidores, podemos isolar a contribuição de novas funcionalidades, novas versões de fluxos de navegação ou novos designs ao executar testes A/B e então comparar os resultados. Isso nos permite provar se nossas ideias funcionam. Não temos que fazer isso com tudo, mas com coisas que exigem custo de instalação ou risco altos ou que exijam mudanças no comportamento do usuário, essa pode ser uma ferramenta tremendamente poderosa. Mesmo onde o volume de tráfego é tal que colecionar resultados estatisticamente relevantes seja difícil ou perda de tempo, ainda podemos coletar dados reais a partir de nossos protótipos de dados em tempo real para tomar decisões muito mais bem informadas.

Informe Decisões do Produto

Na minha experiência, a pior coisa sobre produto à moda antiga era sua dependência das opiniões. E, geralmente, quanto mais alto na organização estava a pessoa que expressava a opinião, mais essa opinião contava.

Hoje, no espírito de que *dados superam opiniões*, temos a opção de simplesmente executar um teste, coletar alguns dados e então usá-los para informar nossas decisões. Os dados não são tudo e não somos escravos deles, mas hoje encontro nas melhores equipes de produtos inúmeros exemplos de decisões informadas por resultados de teste. Ouço constantemente das equipes com que frequência elas são surpreendidas pelos dados e como mentes são mudadas por eles.

Use Dados para Inspiração

Enquanto eu pessoalmente me prendo em cada um dos papéis das análises acima, devo admitir que a minha favorita é a última. Os dados que agregamos (de todas as fontes) podem ser uma mina de ouro. Isso geralmente está relacionado com fazer as perguntas certas. Mas, ao explorar os dados, podemos encontrar

(continua)

(continuação)

algumas oportunidades de produtos muito poderosas. Alguns dos melhores produtos que vejo agora foram inspirados pelos dados. Sim, nós frequentemente conseguimos grandes ideias ao observar nossos clientes e ao aplicar nova tecnologia. Mas estudar os dados por si só pode fornecer insights que levam a ideias fenomenais de produtos.

Em grande parte, isso ocorre porque os dados frequentemente nos pegam desprevenidos. Temos um conjunto de suposições sobre como o produto é usado — muito do que ainda não temos total consciência — e, quando vemos os dados, ficamos surpresos que eles não casam com essas suposições. São estas surpresas que levam ao real progresso.

É também importante para gerentes de produto de tecnologia ter um entendimento abrangente dos tipos de análises que são importantes para seu produto. Vários têm uma visão muito limitada. Este é o conjunto essencial para muitos produtos tecnológicos:

- Análises de comportamento do usuário (navegação, engajamento).
- Análise de negócio (usuários ativos, taxa de conversão, tempo de vida do cliente, retenção).
- Análises financeiras (preço médio de venda, faturamento, tempo para fechar uma venda/pedido).
- Desempenho (tempo de carregamento, disponibilidade).
- Custos operacionais (armazenamento, hospedagem).
- Custos de go-to-market (custos de aquisição, custo de vendas, programas).
- Análise de sentimento (NPS, satisfação do cliente, pesquisas).

Espero que consiga ver o poder das análises para equipes de produtos. Todavia, por mais poderosa que a função de dados seja, o mais importante sobre análises é que os dados projetam uma luz no *que* está acontecendo, mas isso não explicará o *porquê*. Precisamos que nossas técnicas qualitativas expliquem os resultados quantitativos.

Observe que frequentemente referimos análises como *indicadores-chave de desempenho* (KPIs).

Agindo por Suposição

Notavelmente, ainda encontro várias equipes de produtos que ou não estão instrumentando seu produto para coletar dados ou fazem isso em um nível tão irrisório que não sabem se e como seu produto está sendo usado.

Minhas próprias equipes — que eu me lembre de já ter trabalhado — vêm fazendo isso há tanto tempo que é difícil imaginar não ter esta informação. É difícil para mim até mesmo lembrar como era não ter nenhuma ideia real de como o produto era usado ou que funcionalidades estavam realmente ajudando o cliente versus quais nós pensávamos que tinham que estar lá apenas para ajudar a fechar uma venda.

É mais fácil fazer isso com serviços e produtos baseados em nuvem e muitos de nós usamos ferramentas de análises da web, mas às vezes usamos ferramentas caseiras para isso também.

Boas equipes de produtos vêm fazendo isso há anos. E não apenas com sites em nuvem, mas também com aplicativos instalados em desktop ou celular — dispositivos, hardware e software no local que fazem call home periodicamente e enviam os dados de uso de volta para as equipes. Poucas empresas são muito conservadoras e pedem permissão antes de enviar os dados, mas na maior parte isso apenas acontece silenciosamente.

Todos deveríamos anonimizar e agregar os dados para que não exista nada pessoalmente identificável lá. Ocasionalmente, todavia, vemos nos noticiários que uma ou outra empresa está com problemas por enviar dados absolutos na correria para entrar no mercado. Parece que a imprensa acha que estamos rastreando estes dados para propostas nefastas, mas, pelo menos com as empresas que conheço e com que trabalho, elas estão simplesmente tentando melhorar produtos — deixá-los mais valiosos e mais usáveis. Faz um tempo que essa tem sido uma de nossas ferramentas mais importantes.

Todo o processo funciona conosco primeiro nos perguntando o que precisamos saber sobre como nossos produtos são usados, então os instrumentamos para coletar esta informação (as técnicas específicas dependem da ferramenta que você estiver usando e o que você quer coletar). Finalmente, geramos várias formas de relatórios online para visualizar e interpretar estes dados.

Para tudo que adicionamos de novo, garantimos que temos a instrumentação necessária para saber imediatamente se está funcionando como esperamos e se existem significativas consequências não intencionais. Francamente, sem essa instrumentação, eu não me daria o trabalho de lançar uma funcionalidade. Como você saberia se ele está funcionando?

(continua)

(continuação)

A primeira coisa que muitos gerentes de produto fazem de manhã é checar as ferramentas de análise de dados para ver o que aconteceu durante a noite anterior. Eles geralmente executam alguma forma de teste quase o tempo todo, logo eles estão muito interessados no que aconteceu.

Ainda encontro várias equipes de produtos que ou não estão instrumentando seu produto para coletar dados ou fazem isso em um nível tão irrisório que não sabem se e como seu produto está sendo usado.

Existem, é claro, alguns ambientes extremos onde tudo vive por trás de firewalls muito restritivos, mas, mesmo assim, os produtos podem gerar relatórios de uso periódicos para serem revisados e aprovados antes de serem encaminhados (via relatórios impressos ou eletrônicos, se necessário) de volta para as equipes.

Sou muito generoso ao simplificar radicalmente produtos ao remover funcionalidades que não sustentam o seu próprio peso. Mas, sem saber o que e como está sendo usado, fazer isso é um processo muito doloroso. Não temos dados para dar suporte a nossas teorias ou decisões, então a gestão (legitimamente) não nos dá apoio.

Minha visão é que você deve partir do princípio de que é simplesmente ter acesso a esses dados e então seguir no sentido de descobrir a melhor forma de obtê-los.

CAPÍTULO

55

Testando a Viabilidade Técnica

Quando falamos sobre validar a viabilidade técnica, os engenheiros estão realmente tentando responder várias perguntas relacionadas:

- Sabemos *como* desenvolver isso?
- Temos as *habilidades* na equipe para desenvolver isso?
- Temos *tempo* suficiente para desenvolver isso?
- Precisamos de alterações *arquiteturais* para desenvolver isso?
- Temos em mãos todos os *componentes* de que precisamos para desenvolver isso?
- Entendemos as *dependências* envolvidas no desenvolvimento disso?
- O *desempenho* será aceitável?
- Isso *escalará* até os níveis que precisamos?
- Temos a *infraestrutura* necessária para testar e executar isso?
- Podemos arcar com o *custo* para prover isso?

Não quero assustar você. Com a maioria das ideias de produto que seus engenheiros revisam na descoberta, eles rapidamente consideram estes pontos e simplesmente dizem: "Sem problemas." Isso acontece porque muito do nosso trabalho não é tão novo e engenheiros geralmente desenvolveram coisas similares várias vezes antes.

Todavia, existem definitivamente ideias em que este não é o caso e algumas ou várias destas perguntas podem ser muito difíceis para os engenheiros responderem.

Um exemplo muito comum é que várias equipes estão avaliando a tecnologia de aprendizado de máquina, considerando decisões sobre se compram ou constroem algo e avaliando se a tecnologia está adequada para o trabalho em mãos — e, mais geralmente, tentando entender seu potencial.

Considere este conselho importante e muito prático. Realizar uma reunião de planejamento semanalmente na qual você joga um monte de ideias nos engenheiros — e demanda que eles deem a você algum tipo de estimativa ou em tempo, ou em story points ou em qualquer outra unidade de esforço — é quase certo de ir mal. Se você colocar um engenheiro contra a parede, sem tempo para investigar e considerar, é muito provável que você consiga uma resposta conservadora, parcialmente moldada para fazer você ir embora.

Se, todavia, os engenheiros têm executado a tarefa conforme a equipe tem experimentado estas ideias com clientes (usando protótipos) e viu quais são os problemas e como as pessoas se sentem sobre estas ideias, eles provavelmente já vêm considerando os problemas há algum tempo. Se é algo que você acha que vale a pena, então você precisa dar aos engenheiros um tempo para investigar e considerar.

A pergunta não é: "Você consegue fazer isso?" Em vez disso, peça a eles para analisar e responder a pergunta: "Qual é a melhor forma de fazer isso e quanto tempo levaria?"

Os engenheiros às vezes voltam e dizem que precisam criar um *protótipo de viabilidade técnica* para responder uma ou mais destas perguntas. Se esse é o caso, primeiro considere se vale a pena investir o tempo necessário na descoberta dessa ideia. Se sim, então incentive os engenheiros a irem adiante.

Várias de nossas melhores ideias de produto são baseadas nas abordagens para resolver o problema que somente agora são possíveis, o que significa uma nova tecnologia e tempo para investigar e aprender essa tecnologia.

Um último ponto sobre a avaliação da viabilidade técnica: encontro vários gerentes de produto que odeiam qualquer ideia de produto que os engenheiros dizem que precisam de tempo adicional para investigar.

Para estes gerentes de produto, se isso acontece, significa que já é muito arriscado e perda de tempo.

Eu falo para estes gerentes de produto que adoro estes itens por algumas razões. Primeiro, várias de nossas melhores ideias de produto são baseadas nas abordagens para resolver o problema que *somente agora são possíveis*, o que significa uma nova tecnologia e tempo para investigar e aprender essa tecnologia. Segundo, acho que, quando os engenheiros têm um dia ou dois para investigar, eles frequentemente voltam não somente com boas respostas para a questão de viabilidade técnica, mas também com formas melhores para resolver o problema. Terceiro, estes tipos de itens são frequentemente muito motivadores para a equipe, porque dá a ela uma oportunidade para aprender e brilhar.

Descoberta para Produtos de Hardware

Vários produtos de tecnologia hoje têm um elemento de hardware dentro deles. Desde telefones a relógios de pulso, a robótica para carros, a instrumentos médicos, a termostatos, dispositivos inteligentes estão à nossa volta.

Com hardware, as consequências de um erro em termos de tempo e dinheiro são muito mais graves.

Então como adicionar hardware à equação afeta tudo o que discutimos até agora?

Existem algumas diferenças óbvias, como diferentes conjuntos de habilidades de engenharia, a necessidade para design industrial e, é claro, produzir hardware ainda leva, essencialmente, mais tempo do que software, embora o processo continue a melhorar.

Na maioria das vezes, todavia, tudo o que discutimos até agora se aplica, embora existam alguns desafios adicionais também. Além do mais, quando o hardware é uma parte da equação, as técnicas de descoberta que discutimos são ainda mais importantes, especialmente o papel do protótipo.

(continua)

(continuação)

Isso porque, com hardware, as consequências de um erro em termos de tempo e dinheiro são muito mais graves. Com o software, podemos geralmente entregar correções relativamente baratas. Com o hardware, não temos a mesma sorte.

Especificamente, existem mais riscos de viabilidade técnica com hardware e existem riscos de viabilidade de negócios adicionais. Por exemplo, com hardware, precisamos de uma análise muito mais sofisticada de peças, custos de fabricação e previsão. Contudo, a prototipagem necessária do dispositivo de hardware tem sido ajudada drasticamente com o advento da tecnologia de impressão 3D.

O ponto principal é que os produtos de hardware exigem abordar os riscos de valor, usabilidade, negócios e técnico agressivamente, elevando as expectativas do nível de confiança que você tem antes de se comprometer com a fabricação.

CAPÍTULO

56

Testando a Viabilidade de Negócio

Não há dúvidas de que já é difícil pensar em um produto que seus clientes amem e seus engenheiros possam desenvolver e entregar. Vários produtos nunca chegam a este ponto.

Todavia, a verdade é que isso não é suficiente. A solução deve também *funcionar para o seu negócio*. E já aviso a você que isso é frequentemente muito mais difícil do que parece.

Vários gerentes de produto confessam para mim que essa é a parte do trabalho deles que menos gostam. Apesar de entender isso, eu também explico para eles que isso é o que separa os bons gerentes de produto dos ótimos e que, mais do que qualquer coisa, é isso o que realmente significa ser *o CEO do produto*.

Desenvolver um negócio é sempre difícil. Você deve ter um modelo de negócio que seja viável. Os custos para produzir, lançar e vender seu produto devem ser suficientemente menores do que o faturamento que seu produto gera. Você deve operar dentro das leis dos países em que você vende. Você deve cumprir com a sua parte das parcerias e acordos de negócio. Seu produto deve se alinhar ao posicionamento de marca e com outras ofertas da sua empresa.

Você precisa ajudar a proteger o faturamento e a reputação de sua empresa e os funcionários e clientes que você trabalhou tão arduamente para conquistar.

É isso que realmente significa ser o CEO do produto.

Neste capítulo, menciono os principais stakeholders em uma empresa de produtos de tecnologia, discuto suas típicas restrições e preocupações e explico como o gerente de produto testaria a viabilidade de negócio com cada área.

Apesar de ser uma lista muito comum e muitas ou todas destas áreas provavelmente se aplicarem aos seus produtos, é muito comum também que qualquer empresa terá um ou mais stakeholders específicos que sejam únicos para o negócio. Apenas porque não está listado abaixo não significa que lidar com isso não seja absolutamente crucial.

A última coisa que você quer que aconteça é que sua equipe avance e se esforce para comercializar e entregar um produto lançável e depois descobrir que você não pode lançar porque está violando uma destas restrições. Não se engane com isso, essa questão é com o gerente de produto. É seu trabalho garantir que você entenda cada uma das restrições relevantes e tome a atitude correta para trabalhar com elas.

Marketing

Já discutimos marketing de produto, que vemos mais como um membro da equipe de produtos do que um stakeholder. Mas, geralmente, o marketing se importa com a habilitação de vendas, com a marca e reputação da empresa e com a diferenciação e concorrência do mercado. O marketing precisa que os produtos resultantes sejam relevantes e persuasivos e que trabalhem com os canais de go-to-market. Assim, o que quer que você esteja considerando que os coloque em risco será uma grande preocupação.

Se o que você estiver propondo desenvolver pode impactar o canal de vendas, os grandes programas de marketing, ou está potencialmente fora do posicionamento da marca (a gama de coisas que seus clientes esperam da sua empresa), então você desejará discutir isto com o marketing e mostrar a eles protótipos do que você está propondo *antes* de considerar desenvolver qualquer coisa. Trabalhe com eles para encontrar formas de abordar suas preocupações.

Vendas

Se sua empresa tem uma área de vendas diretas ou uma área de vendas de publicidade, então isso tem um impacto muito grande na área de produtos. Produtos bem-sucedidos tipicamente precisam ser construídos em torno das possibilidades e limitações do canal de vendas.

Por exemplo, um canal de vendas diretas é muito caro e exige um produto de valor alto e que tenha sido precificado de acordo. Ou pode ser que você tenha desenvolvido até um canal de vendas com um certo conjunto de habilidades e, se seu novo produto exigir conhecimentos e habilidades muito diferentes, sua força de vendas pode rejeitar completamente o produto.

Se o que você estiver propondo representaria uma mudança das habilidades que o canal de vendas já provou possuir nas vendas, sente-se com a liderança de vendas e mostre a eles o que está propondo *antes* de desenvolver qualquer coisa e veja se juntos conseguem descobrir uma forma eficaz de vender.

Satisfação do Cliente

Algumas empresas de tecnologia têm o que é referido como um modelo *high-touch* de ajudar seus clientes e algumas têm um modelo de *low-touch*. Você precisa entender qual é a estratégia de satisfação do cliente da sua empresa e o que você precisa para garantir que seus produtos estejam alinhados com essa estratégia.

Novamente, se você estiver propondo algo que representaria uma mudança, sente-se com a liderança para discutir as opções.

Um adendo: se você tiver um modelo de serviço high-touch, estas pessoas são excepcionalmente úteis para insights de produtos e teste de protótipo.

Finanças

Finanças frequentemente representam várias considerações e restrições diferentes, sendo o mínimo se você pode arcar as despesas para desenvolver, vender e operar seu novo produto. Mas relatórios e análises de negócio estão frequentemente nas finanças e as relações do investidor e outras preocupações podem ter seu próprio conjunto de restrições.

Se existem problemas de custo envolvidos, sentar-se com alguém nas finanças e modelar os custos será crucial para demonstrar para a liderança que você tem uma abordagem viável.

Jurídico

Para várias empresas movidas à tecnologia, especialmente aquelas que estão trabalhando arduamente para causar a disrupção nos mercados, o jurídico pode desempenhar uma função muito significativa. Preocupações com privacidade e com conformidade, propriedade intelectual e problemas de concorrência são todas restrições comuns relacionadas ao jurídico. Você pode poupar muito tempo e dor de cabeça se logo no início sentar-se com alguém do jurídico para discutir o que está propondo e saber se eles conseguem antecipar algumas questões ou temas com as quais você deveria se preocupar.

Desenvolvimento do Negócio

Muitos negócios têm algum número de relacionamentos próximos com parceiros de vários tipos, geralmente com um contrato regendo um conjunto definido de compromissos e restrições. Às vezes, estes acordos podem prejudicar a habilidade de competição da sua empresa. Às vezes, eles são uma grande vitória. Seja como for, você precisa entender o impacto destes relacionamentos nos seus produtos e no que você estiver propondo.

Segurança

Nós normalmente pensaríamos em segurança não como um stakeholder, mas mais como uma parte integral das áreas de engenharia e, assim, uma parte da equipe de produtos. Todavia, as questões envolvendo segurança são tão importantes para várias empresas de tecnologia que acho que é útil recorrer à área. Se estiver propondo qualquer coisa, ainda que remotamente, relacionada à segurança, reúna-se com seu líder de tecnologia e com a liderança de segurança logo no início para discutir as ideias e como você abordará suas preocupações.

CEO/COO/GM

É claro, toda empresa possui algum CEO ou gerente geral que é responsável pela unidade de negócio. Eles muito provavelmente têm consciência de todas estas restrições e normalmente estão preocupados com elas. E, se o gerente de produto não está também ciente dos problemas ou não tem um plano para lidar com eles, o executivo não vai confiar no gerente de produto ou na equipe de produtos.

Não demora muito para o CEO descobrir se um gerente de produto tem feito o seu dever de casa e entende os diferentes aspectos do negócio.

Testar a viabilidade de negócio significa ter certeza de que a solução do produto que a sua equipe está propondo funcionará dentro das restrições de cada uma destas áreas. É importante que os stakeholders que forem impactados tenham uma chance para rever a proposta e garantir que suas preocupações foram abordadas.

Teste de Usuário versus Produto de Demonstração versus Apresentação Guiada

Ao longo deste livro, falei sobre "mostrar o protótipo". Na verdade, existem três técnicas muito diferentes para mostrar o protótipo e você tem que ser cuidadoso para usar a técnica correta para a situação correta.

Existem três técnicas muito diferentes para mostrar o protótipo e você tem que ser cuidadoso para usar a técnica correta para a situação correta.

Testamos nossas ideias de produtos com usuários e clientes reais com um *teste de usuário*. É uma técnica de teste de valor e usabilidade qualitativa e nós deixamos o usuário liderar. A proposta é *testar* a usabilidade e o valor do protótipo ou produto.

Você *vende* o seu produto para prospectos ou o evangeliza em sua empresa com uma *demonstração de produto*. É uma ferramenta persuasiva ou de vendas. O marketing de produtos geralmente cria um script de demonstração programado cuidadosamente, mas ocasionalmente o gerente de produto receberá pedidos para dar a demonstração do produto — especialmente com executivos ou clientes de alto valor. Neste caso, o gerente de produto lidera. O propósito é *mostrar* o valor do protótipo ou produto.

Você mostra seu protótipo para um stakeholder em uma *apresentação guiada*, com o objetivo de que ele veja e observe absolutamente tudo o que poderia ser uma preocupação. A proposta é dar ao stakeholder toda oportunidade para localizar um problema. O gerente de produto geralmente lidera, mas se o stakeholder preferir interagir com o protótipo ficamos felizes em deixá-lo fazer isso. Você não está tentando vender nada, não está tentando testar com ele e você, *definitivamente*, não está tentando esconder nada dele.

Já vi vários gerentes de produto inexperientes fazerem uma apresentação com um prospecto quando eles deveriam ter preparado uma demonstração do produto. Outro erro de novato muito comum é fazer uma demonstração do produto durante um teste de usuário e depois perguntar ao usuário o que ele achou.

Certifique-se de deixar claro se está fazendo um teste de usuário, uma demonstração do produto ou uma apresentação guiada. E certifique-se de estar qualificado para fazer todos os três.

CAPÍTULO

57

Perfil: Kate Arnold da Netflix

Netflix é uma das minhas empresas e um dos meus produtos favoritos de todos os tempos. Mas, voltemos a 1999, quando a então muito jovem Netflix — baseada em Los Gatos, com menos de 20 funcionários — estava no limite de falir. Ela tinha alguns cofundadores experientes, incluindo o agora lendário Reed Hastings, mas o problema era que ela estava travada com cerca de 300 mil clientes.

Ela estava essencialmente fornecendo a mesma experiência de aluguel que a Blockbuster fornecia, no entanto, com uma versão online. Existiram, como sempre, alguns visionários e algumas pessoas que moravam em locais que não tinham uma locadora de vídeo. Mas na verdade não existia muito uma razão para alugar DVDs via Serviço Postal norte-americano quando você poderia apenas passar em uma loja Blockbuster local no caminho para casa do trabalho. As pessoas alugavam uma vez na Netflix e então rapidamente esqueciam do serviço. Elas não pareciam muito dispostas a mudar. A equipe sabia que o serviço não estava bom o suficiente para fazer as pessoas mudarem.

Essas foram as inovações movidas à tecnologia que possibilitaram um novo modelo de negócio muito mais desejável.

Ainda pior, as vendas de DVD estavam começando a ficar para trás e um revés de Hollywood levou para a lama a situação. Então existiam desafios com logísticas de entrega, dificuldade de manter a qualidade dos DVDs e de tentar descobrir como fazer tudo isso de uma forma que cobrisse custos e gerasse algum dinheiro.

Kate Arnold foi a gerente de produto para esta pequena equipe e a equipe sabia que ela precisava fazer algo diferente.

Um dos vários testes que tentaram foi mudar para um serviço de assinatura. A ideia era fazer pessoas se registrarem por um mês e oferecer a elas filmes ilimitados. Isso seria percebido como bom o suficiente para fazê-los mudar seu comportamento de consumo de mídia?

A *boa notícia* foi que, sim, esta abordagem realmente atraiu pessoas. Uma tarifa fixa mensal e todos os vídeos que elas poderiam consumir soou muito bem.

A *má notícia* é que a equipe criou alguns problemas reais para ela mesma. Não é nenhuma surpresa que os clientes da Netflix queriam alugar principalmente os longa-metragem recém-lançados. Assim, seu estoque era muito mais caro para a Netflix e ela precisaria de tantas cópias que muito provavelmente ficariam sem dinheiro rapidamente.

Então, o desafio de produtos se tornou como ela se certificaria de que os clientes da Netflix poderiam assistir a um conjunto de filmes que eles adorariam, sem falir a empresa.

Ela sabia que precisava, de algum jeito, fazer os clientes quererem e pedirem uma mistura de títulos caros e menos caros. Necessidade sendo a mãe da invenção, foi aí que a fila da Netflix, os sistemas de avaliação e o mecanismo de recomendação surgiram. Essas foram as inovações movidas à tecnologia que *possibilitaram* um novo modelo de negócio muito mais desejável.

Então, a equipe começou a trabalhar. Em três meses, redesenhou o site — introduzindo a fila, o sistema de avaliação e o mecanismo de recomendações, todos com suporte da Netflix como um serviço de assinatura.

Ela também reescreveu o sistema de pagamento para lidar com o modelo de assinatura mensal (uma história paralela engraçada é que ela lançou sem isso, pois tinha 30 dias de teste grátis, o que deu a ela o tempo extra de que precisava).

Com várias peças móveis e esforços integrados, as reuniões diárias incluíram quase todo mundo na empresa.

Entre trabalhar com cofundadores na estratégia, validar conceitos com usuários, avaliar as análises, direcionar recursos e funcionalidade com a equipe — e trabalhar com finanças no novo modelo de negócio, marketing na aquisição e o depósito na entrega — dá para imaginar a carga de trabalho que Kate encarou diariamente. Ainda assim, a equipe fez com que o novo serviço funcionasse e usou isso para empoderar e aumentar seu negócio por mais outros 7 anos, até que eles inovaram de novo ao mudar agressivamente para o modelo de streaming.

Kate seria a primeira a creditar uma equipe muito incrível, incluindo alguns engenheiros excepcionais e a visão e coragem dos fundadores. Mas diria que, sem Kate direcionando soluções baseadas em tecnologia que poderia empoderar este negócio, existe uma boa chance de a Netflix como nós conhecemos nunca ter acontecido.

Mais um pequeno tópico paralelo interessante sobre a Netflix antiga — quando ela estava lutando por dinheiro desde cedo, se ofereceu para ser vendida para a Blockbuster por US$50 milhões e a Blockbuster não a aceitou. Hoje, a Blockbuster está falida e a Netflix vale mais de US$40 *bilhões*.

Kate é agora líder de produtos na cidade de Nova York.

Técnicas de Transformação

Visão geral

Até agora, discutimos técnicas para descobrir produtos bem-sucedidos. Mas é importante reconhecer que fazer com que empresas e equipes de produto apliquem as novas técnicas de trabalho e trabalhar de um jeito diferente é extremamente difícil na prática.

Em parte, isso acontece porque pessoas são pessoas. Mas principalmente é difícil porque as mudanças são geralmente culturais.

Como um exemplo muito explícito, mudar de equipes focadas em entrega direcionadas por roadmaps de produtos, com estilo mercenário, para incontáveis equipes de produto verdadeiramente empoderadas que são medidas pelos resultados de negócio representa uma mudança cultural grande e uma transferência considerável de poder e controle da gestão para os indivíduos nas equipes.

Acredite em mim, esse tipo de mudança não acontece facilmente.

Felizmente, existem técnicas que podem ajudar a empresa com isso.

CAPÍTULO

58

Técnica Sprint de Descoberta

Sei que várias equipes, especialmente as que estão tendo contato agora com técnicas modernas de produto, estão procurando por uma introdução estruturada para a descoberta de produtos moderna. Neste capítulo, descrevo o conceito de um *sprint de descoberta.*

Um *sprint de descoberta* é um *time box* de uma semana de trabalho de descoberta de produto, designado para abordar um risco ou problema considerável que sua equipe de produtos esteja enfrentando.

Um sprint de descoberta é definitivamente útil para mais do que apenas transformação. Ele poderia facilmente ser considerado uma técnica de planejamento de descoberta ou uma técnica de prototipagem de descoberta. Mas é mais útil unir todas estas coisas, logo, escolho incluí-lo aqui.

Algumas pessoas usam o termo *sprint de design*, não *sprint de descoberta*, mas como o propósito do trabalho — quando bem feito — vai significativamente além do design, prefiro o termo mais geral.

Além disso, se sua empresa tem tido dificuldades com o conceito de MVP, esta é uma forma muito boa de começar a conseguir o valor a partir desta técnica-chave.

> *Um* sprint *de descoberta é um time box de uma semana de trabalho de descoberta de produto, designado para abordar um risco ou problema considerável que sua equipe de produtos esteja enfrentando.*

A primeira vez que encontrei a equipe do Google Ventures (GV) há vários anos, ela estava apenas começando. A empresa faz parte do braço de investimento do Google, mas ainda mais valiosa para uma startup do que seu dinheiro, foi a criação de uma pequena equipe para ajudar as empresas em que investe a ter um bom início em seus produtos. Seu modelo é tipicamente passar uma semana com a startup — arregaçando as mangas e mostrando a elas como fazer a descoberta de produto ao fazer isso com elas lado a lado.

Também sei de várias outras pessoas de produto, conhecidas como *coaches de descoberta de produto*, que fazem essencialmente a mesma coisa para as equipes que ajudam.

Em qualquer caso, durante esta semana de intenso trabalho de descoberta, você e sua equipe provavelmente explorarão dúzias de diferentes ideias de produto e abordagens, com a meta de resolver algum problema de negócio significativo. Você sempre terminará sua semana validando sua solução potencial com usuários e clientes reais. E, na minha experiência, o resultado é consistentemente de grande aprendizado e insights — do tipo que pode mudar o curso do seu produto ou sua empresa.

Dentro desta estrutura geral, coaches de descoberta de aprendizado defendem uma variedade de diferentes métodos para ajudar a equipe no processo e obter grande aprendizado em apenas 5 dias.

Após trabalhar com mais de 100 equipes de produtos e refinar seus métodos conforme aprendiam o que funcionava bem e o que não, a equipe do GV decidiu compartilhar seus aprendizados em um livro. O livro é intitulado *Sprint: O Método Usado no Google Para Testar e Aplicar Novas Ideias em Apenas Cinco Dias*, de Jake Knapp, John Zeratsky e Braden Kowitz.

Os autores dispõem de uma semana de cinco dias que começa delimitando o problema ao mapear o espaço do problema, escolhendo o problema a ser resolvido e o cliente-alvo e depois progride nas várias diferentes abordagens para a solução. A equipe então reduz e elabora as diferentes soluções potenciais, criando um protótipo de usuário de alta fidelidade — finalmente, colocando esse protótipo em frente aos usuários-alvo reais e observando suas reações.

E, sim, é possível fazer isso tudo em uma semana.

Sprint explica claramente as técnicas favoritas dos autores para realizar cada um destes passos e, se você leu até agora, reconhecerá todos eles. Mas o que gosto muito no livro do GV é que, quando as equipes estão começando, elas frequentemente anseiam pela estrutura de uma receita passo a passo comprovada. O livro explica clara e exatamente isso por quase 300 páginas, com dúzias de exemplos de grandes equipes e produtos que você reconhecerá.

Existem várias situações para as quais recomendo um sprint de descoberta, começando com quando a equipe tem algo grande e crucialmente importante e/ou difícil de abordar. Outra situação em que ele ajuda é quando a equipe está apenas aprendendo como fazer a descoberta de produto. E ainda outra é quando as coisas estão se movendo muito devagar e a equipe precisa recalibrar a velocidade que pode e deveria se mover.

Sprint é um outro livro imperdível para gerentes de produto e eu altamente o recomendo.

Coaches de Descoberta de Produto

À medida que equipes mudaram para os métodos Ágeis (elas geralmente começam com Scrum), várias empresas decidiram fazer contrato ou contratar um Agile Coach. Estes coaches ajudam a equipe mais ampla — especialmente engenheiros, QA, gerente de produto e designers de produtos — a aprender os métodos e o mindset envolvidos na mudança para Ágil.

Isso parece objetivo o suficiente, mas vários problemas surgem porque a vasta maioria destes Agile Coaches não têm experiência com empresas de produtos tecnológicos, então a experiência deles é limitada para entrega. Portanto, eles seriam mais precisamente considerados Agile Coaches de entrega. Eles entendem o lado do lançamento e da engenharia das coisas, mas não o lado da descoberta das coisas.

(continua)

(continuação)

Tantas empresas de produtos tiveram este problema que foi criada a necessidade de coaches que realmente têm profunda experiência com empresas de produtos e as principais funções de produtos, especialmente gestão de produtos e design de produto. Estes indivíduos são frequentemente chamados de *coaches de descoberta de produto*.

Coaches de descoberta de produtos são tipicamente antigos gerentes de produtos ou designers de produtos e geralmente trabalharam em empresas de produtos líderes.

Coaches de descoberta de produtos são tipicamente antigos gerentes de produto ou designers de produtos (ou ex-líderes destas áreas) e geralmente trabalharam em empresas de produtos líderes. Então, eles também são capazes de trabalhar lado a lado com designers e gerentes de produto reais — não apenas narrando clichês da agilidade, mas mostrando à equipe como trabalhar eficazmente.

Todo coach de descoberta de produtos tem sua forma preferida de se engajar com uma equipe, mas geralmente se envolvem com uma ou um número pequeno de equipes de produtos por mais ou menos uma semana. Durante este tempo, eles te ajudam em um ou mais ciclos de descoberta de ideação, criando protótipos e validando os protótipos com clientes para medir suas reações, com engenheiros para avaliar viabilidade técnica e com stakeholders para avaliar se esta solução funcionaria para seu negócio.

É difícil imaginar um coach de descoberta de produtos eficaz que não tenha experiência em primeira mão como um gerente de produto ou designer de produto em uma moderna empresa de produtos. Esse é provavelmente um dos principais motivos para haver uma escassez de coaches de descobertas de produtos hoje. Também é importante que ele entenda como incluir engenharia na mistura — ser sensível ao seu tempo, mas entender a função essencial que ele desempenha na inovação.

Coaches de descoberta de produtos não são diferentes de coaches de Startup Enxuta. A principal diferença é que estes frequentemente concentram-se em ajudar uma equipe a descobrir não somente seu produto, mas também seu modelo de negócio e sua estratégia de marketing e vendas. Uma vez que o novo negócio tenha alguma tração, a descoberta é geralmente mais sobre continuamente melhorar um produto existente de formas consideráveis do que criar um negócio inteiramente novo. Por causa desta diferença, vários coaches de Startup Enxuta não têm a experiência de produto necessária. Minha visão é que a descoberta de produto é a competência mais importante de uma nova startup, então acredito que um coach de Startup Enxuta eficaz deve também ser muito forte em produto.

CAPÍTULO

59

Técnica de Equipe-Piloto

Já discutimos a curva de adoção de tecnologia e como esta teoria descreve como diferentes pessoas aceitarão a mudança. Acontece que esta teoria também se aplica à nossa própria organização, especialmente para como fazemos mudanças no modo como ela funciona.

Algumas pessoas na sua empresa adoram mudar, algumas querem ver outro alguém usar a mudança com sucesso, algumas precisam de mais tempo para digerir mudanças e algumas odeiam mudar e somente mudarão se forem forçadas a isso.

Se você ficar muito animado e lançar uma mudança significativa para todos na empresa de uma só vez, então os retardatários (aqueles que odeiam mudança) podem resistir ou ainda sabotar seus esforços.

Em vez de lutar com esta realidade, podemos aceitá-la. Uma das técnicas mais simples para facilitar uma mudança para novas formas de trabalho é usar *equipes-piloto*, as quais permitem a aceitação de uma mudança para uma parte limitada da organização antes de implementá-la mais amplamente. A ideia é que você procure uma equipe de produtos para se voluntariar a experimentar algumas novas técnicas. Você a deixa executar por um tempo (geralmente um trimestre ou dois) com esta nova forma de trabalhar para ver o que acontece.

Suas medidas de sucesso específicas dependerão das suas metas, mas você deve comparar a eficácia da equipe na entrega de resultados de negócio, isto é, o quão bem as equipes-piloto realizam seus objetivos versus as outras ou comparadas a como elas fizeram no passado?

Dada a natureza do experimento, suas comparações serão qualitativas, mas isso não faz delas menos persuasivas.

Algumas pessoas na sua empresa adoram mudar, algumas querem ver outro alguém usar a mudança com sucesso, algumas precisam de mais tempo para digerir mudanças e algumas odeiam mudar e somente mudarão se forem forçadas a isso.

Se tudo correr bem, várias outras equipes ficarão ansiosas para adotar essa nova forma de trabalhar. Se não, você pode decidir que esta técnica não é boa para você ou que fará ajustes.

Para maximizar a chance de equipes-piloto terem um bom resultado, nós cuidadosamente consideramos as pessoas envolvidas, sua locação e seu grau de autonomia. Idealmente, temos pessoas que estão abertas a novas formas de trabalhar, as pessoas-chave da equipe são realocadas e a equipe está no controle de como trabalhar e não tão dependente de outras equipes que ainda trabalham da forma antiga.

CAPÍTULO

60

Ajudando uma Empresa a Largar o Vício por Roadmaps

Várias equipes de produtos querem abandonar os roadmaps de produtos, mas suas empresas são tradicionais, viciadas nessa ferramenta trimestral ultrapassada. Como resultado, elas não veem como fazer a transição de suas organizações para dar um passo à frente.

O que defendo neste caso: planeje continuar com seu processo de roadmap existente por 6 a 12 meses. Todavia, comece imediatamente. Toda vez que você fizer referência a um item de roadmap de produtos ou discutir isso em uma apresentação ou reunião, certifique-se de incluir um lembrete do *resultado de negócio* real com o qual a ferramenta deveria ajudar.

A meta é que, com o tempo, a organização mude seu foco de lançamento de funcionalidades em datas específicas para resultados de negócio.

Se a funcionalidade em que você estiver trabalhando é adicionar o PayPal como o método de pagamento e a razão é aumentar a conversão, então certifique-se de sempre mostrar a taxa de conversão atual e o resultado que você espera alcançar. Mais importante, após a funcionalidade ir ao ar, certifique-se de destacar o impacto na taxa de conversão.

Se o impacto foi bom, celebre-o. Se não foi o que era esperado, então enfatize para todos que, embora você tenha entregue a funcionalidade, o resultado não foi bem-sucedido. Especifique o que foi aprendido, mas explique que você tem outras ideias para formas de conseguir o resultado desejado.

A meta é que, com o tempo (isso pode levar um ano), a organização mude seu foco de lançamento de funcionalidades em datas específicas para resultados de negócio.

Para isso funcionar, é importante reconhecer as duas grandes razões para stakeholders serem tão atraídos por roadmaps:

1. Eles querem alguma visibilidade no que você estiver trabalhando e garantia de que você está trabalhando nos itens mais importantes.
2. Eles querem ser capazes de planejar o negócio e precisam saber quando coisas cruciais acontecerão.

A alternativa moderna para roadmaps discutida aqui aborda ambas preocupações. Equipes trabalham em objetivos de negócio priorizados determinados pelos líderes. Nós compartilhamos com transparência nossos resultados principais e nos comprometemos com compromissos de alta integridade quando datas de entrega cruciais são necessárias.

Processo em Escala

Visão Geral

É compreensível que, à medida que as empresas crescem, elas se tornem mais avessas ao risco. Quando você é pequeno, não há muito a perder, mas, conforme você consegue crescer, há muito em jogo e várias pessoas da empresa estão lá para tentar proteger esses bens.

Uma forma de as empresas tentarem proteger o que alcançaram é instituir processo pela formalização e padronização de como as coisas são feitas em nome de reduzir erro ou risco. Isso se aplica a como somos reembolsados pelas despesas de viagem, como requisitamos uma mudança em um relatório, como descobrimos e entregamos o produto.

É muito fácil instituir processos que governam como você produz produtos que podem fazer com que a inovação pare de acontecer bruscamente.

Em várias áreas, como relatórios de gastos, isso é irritante, mas provavelmente não fará a diferença entre sucesso e fracasso da empresa.

Por outro lado, é muito fácil instituir processos que governam como você produz produtos que podem fazer com que a inovação pare de acontecer bruscamente. Ninguém faz isso intencionalmente, mas isso acontece tão frequentemente, em tantas empresas, que acho isso muito notável.

Como apenas um exemplo na área de processo, métodos Ágeis são geralmente muito favoráveis para inovação consistente. Ainda assim, existem várias consultorias de processo que se especializam em “Ágil em Escala”, que introduz métodos e estruturas designadas para escalar para números grandes de engenheiros, ainda que absolutamente destruam qualquer esperança de inovação.

Isso não tem que ser assim. Várias das melhores empresas de produtos no mundo são empresas muito grandes que têm sucessivamente escalado suas organizações de tecnologia e de produtos. As técnicas e métodos descritos aqui são todos sobre manter sua habilidade para consistentemente inovar conforme você continua a crescer e escalar.

CAPÍTULO

61

Gerenciando Stakeholders

Para vários gerentes de produto, gerenciar stakeholders é provavelmente a parte menos favorita do trabalho deles. Não quero sugerir que isso sempre será fácil, mas pode geralmente ser consideravelmente melhorado.

Primeiro, vamos considerar quem é um stakeholder, e então quais são as responsabilidades do gerente de produto com estes stakeholders. Depois disso, falaremos sobre técnicas para sucesso.

Definição de um Stakeholder

Em muitas empresas de produtos, quase todos sentem que têm o direito de opinar sobre os produtos. Eles certamente se importam com o produto e frequentemente têm várias ideias — ou derivadas de seu próprio uso, ou a partir do que ouvem dos clientes. Mas, independentemente do que *eles* pensam, não consideraríamos muitos deles como stakeholders. Eles são apenas parte da comunidade como um todo — uma outra fonte de entrada no produto, junto com várias outras.

Um teste prático para saber se uma pessoa é considerada um stakeholder é se ela tem ou não o poder de veto ou pode impedir que seu trabalho seja lançado.

Este grupo de pessoas tipicamente inclui:

- A equipe de executivos (CEO e líderes de marketing, vendas e tecnologia).
- Parceiros de negócio (para garantir que o produto e o negócio estejam alinhados).
- Financeiro (para garantir que o produto se adapte dentro do modelo e parâmetros financeiros da empresa).
- Jurídico (para garantir que o que você propõe é defensável).
- Compliance (para garantir que o que você propõe está de acordo com quaisquer políticas ou padrões relevantes).
- Desenvolvimento de negócio (para garantir que o que você propõe não viola nenhum relacionamento ou contrato existente).

Pode haver outros, mas você captou a ideia.

Em uma startup, existem poucos stakeholders porque a empresa é muito pequena e, francamente, não tem muito a perder. Mas, em grandes empresas, muitas pessoas estão lá para proteger os bens significativos da empresa.

Responsabilidades do Gerente de Produto

Em termos de stakeholders, o gerente de produto tem a responsabilidade de entender as considerações e restrições dos vários stakeholders e trazer este conhecimento para dentro da equipe de produtos. Não é bom para ninguém construir coisas que possam funcionar para o consumidor, mas em alguma reunião de revisão descobrir que não tem permissão de utilizar o que foi criado. Isso acontece muito mais do que você pode imaginar e, toda vez que isso acontece, a empresa perde um pouco mais de confiança na equipe de produtos.

O gerente de produto tem a responsabilidade de entender as considerações e restrições dos vários stakeholders e trazer este conhecimento para dentro da equipe de produtos.

Todavia, além de entender as restrições e preocupações de cada stakeholder, se você quiser ter a amplitude de produzir soluções mais eficazes, então é crucialmente importante que o gerente de produto convença cada um destes stakeholders que ele não somente entenda os problemas, mas que ele esteja comprometido a produzir soluções que não somente funcionem para o cliente, mas também para o stakeholder. E isso deve ser sincero. Eu enfatizo isso porque se o stakeholder não tem esta confiança de que você está resolvendo as preocupações dele também, então ele escalará o tema para o seu superior ou tentará controlar a situação.

Estratégias para o Sucesso

Sucesso em termos de gestão de stakeholder significa que seus stakeholders respeitam você e sua contribuição. Eles confiam que você entende as preocupações deles e garantirá que soluções funcionem bem para eles também. Eles confiam que você os manterá informados de importantes decisões ou mudanças. E, acima de tudo, eles dão a você espaço para descobrir as melhores soluções possíveis, mesmo quando forem muito diferentes do que eles poderiam ter originalmente previsto.

Não é tão difícil ter este tipo de relacionamento com stakeholders, mas realmente exige que, antes de tudo, você seja um gerente de produto competente. Isso especialmente significa ter um profundo entendimento de seus clientes, das análises de dados, da tecnologia, da sua indústria e, em particular, do seu negócio.

Sem isso, eles não confiarão em você (e honestamente eles não deveriam). A principal forma de demonstrarmos este conhecimento para a organização é compartilhando muito abertamente o que nós aprendemos.

Tendo essa base, a técnica principal é passar um tempo com os stakeholders-chave individualmente. Sente-se com eles e ouça. Explique que, quanto melhor você entender suas restrições, melhores serão suas soluções. Faça muitas perguntas. Seja aberto e transparente.

Um dos erros mais comuns que os gerentes de produto cometem com os stakeholders é mostrar a solução depois que já a desenvolveram. E, às vezes, existem problemas porque o gerente de produto não teve um entendimento claro o suficiente das restrições. Não somente os stakeholders, mas sua equipe de engenharia ficarão frustrados, com todo o retrabalho. Então, comprometa-se a validar suas soluções durante a descoberta com os stakeholders principais *antes* de colocar este trabalho no backlog de produto.

Essa é uma das chaves da descoberta de produtos. Nela, você não somente está se certificando de que suas soluções são valiosas e usáveis (com clientes) e praticáveis (com engenheiros), mas está também se certificando de que seus stakeholders apoiarão a solução proposta.

O outro grande erro que eu frequentemente vejo sendo cometido é situações serem reduzidas à opinião do gerente de produto versus a opinião do stakeholder. Neste caso, o stakeholder geralmente ganha porque ele é geralmente mais sênior. Todavia, conforme já discutimos várias vezes antes, a chave é mudar o jogo rapidamente, executando um teste e coletando alguma evidência. Mude a discussão de opiniões para dados. Compartilhe o que você estiver aprendendo muito abertamente. Pode ser que nenhuma de suas opiniões estivessem certas. Novamente, o trabalho de descoberta é projetado especificamente como um local para estes testes.

Sobretudo, crie um relacionamento pessoal colaborativo mutuamente respeitoso. Para muitas empresas, isso leva cerca de duas a três horas por semana — reunião de meia hora ou mais com cada stakeholder principal — para mantê-los informados e conseguir o feedback deles sobre novas ideias. Minha forma favorita de fazer isso é um café ou almoço semanal com os seus stakeholders mais envolvidos.

Vários gerentes de produto me contam que a forma como lidam com um teste de viabilidade de negócio com todos seus diferentes stakeholders é agendando uma grande reunião em grupo e convidando todos os stakeholders. O gerente de produto então apresenta a eles o que eles querem desenvolver, geralmente com uma apresentação de PowerPoint.

Existem dois problemas (potencialmente limitantes de carreira) muito graves com isso.

Primeiro, apresentações são notoriamente terríveis para testar a viabilidade de negócio. A razão é que elas são excessivamente ambíguas. Um advogado precisa ver as telas, páginas e descrições propostas. Um líder de marketing quer ver o design de produtos real. Um líder de segurança precisa ver exatamente o que o produto está tentando fazer. Apresentações são terríveis para isso.

Em contraste, protótipos de usuário de alta fidelidade são *ideais* para isso. Eu imploro aos gerentes de produto em empresas maiores para não darem um "assino embaixo" em qualquer outra coisa que não seja um protótipo de alta fidelidade. Já vi muitas vezes os executivos concordarem com algo baseado em uma apresentação, mas, quando veem o produto real, ficam completamente chocados, frustrados e, frequentemente, visivelmente com raiva.

O segundo problema é que uma dinâmica de grupo não é o fórum para projetar fortes produtos. Isso resulta em design pelo comitê, o que rende resultados medíocres na melhor das hipóteses. Em vez disso, encontre-se privativamente com cada stakeholder, mostre a eles o protótipo de alta fidelidade e dê a eles a chance de levantar quaisquer preocupações.

Isso pode soar como mais trabalho para você, mas, por favor, acredite que, a longo prazo, isso terminará sendo bem menos trabalho, tempo e problema.

Uma observação final: em várias empresas, alguns dos stakeholders podem ainda não entender o que o produto faz e alguns podem ainda se sentir ameaçados pelo seu objetivo. Seja sensível a isso. Pode ser que precise passar algum tempo explicando o seu objetivo e como empresas de produtos habilitados por tecnologia operam e por quê.

Regredindo do Bom para o Mal

Muitas pessoas têm escrito sobre desafios de gerenciar crescimento e especialmente sobre a importância de trabalhar arduamente para manter a qualidade da equipe conforme você escala a organização.

Não questionamos o fato de que muitas organizações ficam piores na habilidade de rapidamente entregar inovação consistente conforme elas crescem, ainda assim, a maioria das pessoas atribui isso a problemas de comunicação de escala, processo e qualidade da equipe. Algumas acreditam que isso é inevitável.

Existe um antipadrão que vejo em várias empresas que estão muito bem, crescendo agressivamente, ainda que elas às vezes — com o tempo e não intencionalmente — substituirão os seus bons comportamentos por maus.

Eu nunca tinha visto este antipadrão escrito antes e suspeito que ele vai deixar muitas pessoas desconfortáveis. Mas é um problema sério que acho que precisa ser público, pois não é difícil de prevenir se você estiver ciente.

O cenário é que você provavelmente é uma startup de estágio avançado ou empresa em estágio de crescimento. Você provavelmente atingiu encaixe produto/mercado, pelo menos para um produto inicial e, para ter realizado isso, você provavelmente fez direito algumas coisas importantes. Mas depois você consegue algumas rodadas adicionais de investimento substanciais ou um membro da diretoria sugere que você precisa trazer alguma "supervisão adulta" ou algumas pessoas experientes de empresas de renome.

Não questionamos o fato de que muitas organizações ficam piores na habilidade de rapidamente entregar inovação consistente conforme elas crescem, ainda assim, a maioria das pessoas atribui isso a problemas de comunicação de escala, processo e qualidade da equipe.

Este é o ponto. As novas pessoas que você contrata são frequentemente dessas grandes empresas de renome que pararam de crescer há muito tempo desde que perderam sua habilidade de inovar e têm vivido de sua marca por vários anos. Por causa disso, elas não estão na trajetória que já estiveram, e as pessoas vão embora.

Você preferiria contratar toda sua equipe e líderes do Google, Facebook, Amazon e Netflix? Claro que sim, mas estas pessoas são muito escassas e existem muitos grandes talentos em outras empresas.

Mas digamos que você esteja em uma jovem empresa em estágio de crescimento e você decide contratar um líder sênior — talvez o head de produtos ou o head de engenharia ou o head de marketing — de uma marca como a Oracle. Seu conselho provavelmente gostará disso.

O problema é que, a não ser que você deixe claro no princípio, esse novo líder pode assumir que você esteja contratando-o por seu conhecimento de processo e como definir e entregar produtos. Então, ele traz com ele suas visões sobre como as coisas deveriam funcionar. Ainda pior, ele frequentemente então contrata pessoas que queiram trabalhar dessa forma.

Observe que usei a Oracle como um exemplo, mas ela certamente não é a única. Existem várias pessoas muito fortes para contratar da Oracle, pois elas adoram adquirir empresas, frequentemente empresas muito boas, mas aquelas fortes pessoas de tecnologia, design e produtos que elas também adquiriram raramente gostam da cultura ou do jeito da Oracle de criar produtos.

Tenho visto este antipadrão ocorrer em todos os níveis de uma empresa — a partir de engenheiros individuais até o CEO. Isso não acontece da noite para o dia, mas ao longo dos anos. Mas eu vi o suficiente para estar convencido de que é um antipadrão. Várias pessoas intuitivamente percebem esse problema. Elas geralmente apenas atribuem isso a "uma pessoa de grande empresa", mas isso se trata menos de uma grande empresa e mais de uma empresa que não é forte em produtos.

Conheço duas formas para prevenir que este problema infecte sua empresa:

A primeira é ter uma cultura de produtos muito intencional e muito forte e ter essa cultura muito bem estabelecida para que novas contratações saibam que elas estão se juntando a um tipo diferente de empresa que se orgulha de como ela trabalha e de usar as melhores práticas. Isso é algo que você aprende nos primeiros dias quando se junta à Netflix ou Airbnb ou Facebook, e essa é a intenção delas.

(continua)

(continuação)

A segunda forma de prevenir isso é deixar explícito na entrevista e no processo de contratação. Como parte do meu trabalho de consultoria, estou frequentemente na equipe de entrevista para cargos seniores e, quando a pessoa está vindo de um desses tipos de empresas, fico de frente para a futura contratação. Nós conversamos sobre as razões por que a empresa em que trabalhava não tem produzido novos produtos bem-sucedidos há vários anos e enfatizo que a nova empresa está interessada nele por causa de sua mente e de seus talentos e, é claro, que ele não deveria trazer consigo as más práticas de sua empresa anterior.

Na minha experiência, as pessoas são realmente boas quando você fala aberta e honestamente sobre isso. Na verdade, as pessoas frequentemente me contam que essa é uma grande razão porque querem deixar sua empresa anterior. Tem mais a ver com fazer com que seja sobre você, e eles se dão conta.

CAPÍTULO

62

Comunicando Aprendizado de Produtos

O compartilhamento do que aprendemos em uma startup acontece naturalmente porque a equipe de produtos e a empresa são quase a mesma coisa. Todavia, conforme as empresas escalam, isso se torna substancialmente mais difícil. Porém, o compartilhamento se torna cada vez mais importante.

Uma técnica que eu adoro para ajudar com isso é que o head de produto, em uma reunião similar ou geral na empresa a cada uma ou duas semanas, use de 15 a 30 minutos para destacar o que tem sido aprendido na descoberta de produto nas várias equipes de produtos.

Observe que isso significa cobrir os aprendizados maiores e não as coisas menores — o que funcionou, o que não funcionou e o que as equipes estão planejando tentar na semana seguinte.

Essa atualização precisa se mover rapidamente e se manter no nível de grandes aprendizados, e é por isso que prefiro que o VP de produto faça isso. *Não* é aqui que todo gerente de produto se apresenta à frente de todos para uma atualização detalhada, demorando de uma até duas horas em mais detalhes do que muitas pessoas querem ver. Não é para ser uma repetição do sprints review também.

A atualização é feita para abordar várias propostas, algumas táticas e algumas culturais:

- É importante compartilhar amplamente os grandes aprendizados, especialmente quando as coisas não saem conforme esperado. Como um benefício colateral, às vezes alguém na audiência tem um insight sobre o que poderia explicar os resultados.
- Esta é uma forma fácil e útil para as várias equipes de produtos se manterem informadas do que outras equipes estão aprendendo, além de garantir que aprendizados úteis cheguem aos líderes.
- Esta técnica encoraja as equipes de produtos a manter seu foco em grandes aprendizados e não em experimentos menores que não tenham um cliente real ou algum impacto de negócio.
- Culturalmente, é crucial que a organização entenda que descoberta e inovação têm a ver com continuamente executar estes experimentos rápidos e aprender a partir dos resultados.
- Também é importante culturalmente que a área de produtos seja transparente e generosa no que ela aprendeu e como ela trabalha. Isso ajuda a empresa a entender que a área de produtos não está lá "para servir o negócio", mas para resolver problemas para nossos clientes de forma que funcione para nosso negócio.

CAPÍTULO

63

Perfil: Camille Hearst da Apple

Adoraria apresentar a você outra gerente de produto muito forte, Camille Hearst.

Camille era gerente de produto na equipe do iTunes na Apple e como é de se imaginar com tal produto inovador e disruptivo, ela experienciou e aprendeu uma grande coisa durante seus anos de formação em produtos na Apple. Isso aconteceu principalmente porque ela estava lá durante os anos em que houve a mudança no iTunes de músicas com DRM para músicas sem essa regulamentação, o que foi crucial na ajuda para o iTunes se tornar um mercado de massa.

Ir além dos usuários iniciais para um mercado de massa envolveu vários esforços diferentes, alguns produtos, algum marketing e uma mistura dos dois. Um bom exemplo desta mistura foi o relacionamento que a equipe do iTunes engajou com o programa de televisão *American Idol.*

> *Esse é um grande exemplo de como grandes gerentes de produto trabalham para encontrar soluções criativas para problemas muito difíceis.*

Este acabou sendo um dos mais drásticos e visíveis — e desafiadores — esforços de produtos para a equipe do iTunes.

Durante 2008, o *American Idol* era um ícone cultural assistido por mais de 25 milhões de pessoas duas vezes por semana, com uma audiência muito alta que foi amplamente incomparável.

A Apple viu nisso uma oportunidade para expor um mercado-alvo ideal para o poder do iTunes e da música digital. Não apenas vendendo a música dos candidatos que se apresentavam no show, mas tornando o iTunes uma parte integral das vidas dos consumidores.

Todavia, apesar de o potencial ser substancial, os desafios eram significativos também.

O VP do iTunes, Eddy Cue, e outros fizeram o acordo comercial, mas Camille trabalhou como gerente de produto em várias das integrações para ajudar a descobrir como fazer isso.

Como apenas um exemplo, o programa *American Idol* é todo voltado para votação e a Apple rapidamente percebeu que as vendas das músicas dos candidatos seriam muito provavelmente fortes indicativos de resultados de votação. Então, enquanto normalmente a iTunes mostrava as músicas em tendência e destacava títulos populares, neste caso, foi importante usar de extremo cuidado para *não* influenciar a votação.

Isso foi obviamente e crucialmente importante para os produtores de *Idol* — reduziria ou mesmo eliminaria o suspense para saber quais candidatos continuariam na próxima semana.

A integração também permitiu que a equipe mirasse em uma pessoa muito específica e trabalhasse para elevar o engajamento com este grupo. Uma das chaves foi fazer com que ter acesso ao iTunes fosse fácil para quem ainda não tinham o app instalado.

Ao encarar estes e inúmeros outros desafios, Camille e sua equipe produziram soluções de tecnologia que complementaram a experiência de *American Idol*, e também injetaram o iTunes como um componente essencial na vida dos fãs. Isso contribuiu para o que era em 2014, antes de mudar para streaming, um negócio de aproximadamente *US$20 milhões*.

Para mim, esse é um grande exemplo de como grandes gerentes de produto trabalham para encontrar soluções criativas para problemas muito difíceis.

Camille se juntou à equipe do YouTube e hoje é líder de produtos na Hailo de Londres. Agora estou muito feliz de dizer que ela é o CEO de uma startup na cidade de Nova York.

PARTE V

A Cultura Certa

Nós já cobrimos bastante informação, e acredito que agora seria útil recuar e considerar a variação e escopo de como a função do gerente de produto é definida, como estas pessoas trabalham colaborativamente com sua equipe de produto e as técnicas que elas usam para rapidamente criar produtos que valem a pena desenvolver e lançar para clientes.

É fácil ficar preso às minúcias de tudo isto, mas o que é realmente importante aqui é criar a *cultura do produto* certa para o sucesso.

Nestes capítulos finais, incitarei o seu foco para o que é mais importante para o seu sucesso. Em particular, como uma grande equipe de produto se comporta e como fortes empresas de produtos proporcionam a estas equipes um ambiente onde elas podem prosperar?

CAPÍTULO

64

Equipe de Produtos Boa/ Equipe de Produtos Ruim

Tive a extrema boa sorte de poder trabalhar com várias das melhores equipes de produtos de tecnologia no mundo — quem cria os produtos que você usa e ama todos os dias, equipes que estão literalmente mudando o mundo.

Eu também fui trazido para tentar ajudar empresas que não estão indo tão bem. A corrida de startups para conseguir alguma tração antes de o dinheiro se esgotar. Empresas maiores lutando para replicar sua inovação antiga. Equipes que não conseguem continuamente adicionar valor a seu negócio. Líderes frustrados com quanto tempo demora para ir de uma ideia para a realidade. Engenheiros exasperados com seus gerentes de produto.

O que aprendi é que existe uma profunda diferença entre como as melhores empresas de produtos criam produtos de tecnologia e todo o resto. E não são diferenças pequenas. É tudo, desde como os líderes se comportam até o nível de empoderamento de equipes a como a organização pensa sobre fundos, recrutamento de pessoas e construção de produtos, até como o produto, o design e a engenharia colaboram para descobrir soluções eficazes para seus clientes.

Com um sinal gratificante para o post clássico "Gerente de Produto Bom/Gerente de Produto Ruim" de Ben Horowitz, para aqueles que não tiveram ainda a oportunidade de participar ou observar uma forte equipe de produtos de perto, neste capítulo proporciono a você um vislumbre em algumas das diferenças importantes entre equipes de produtos fortes e fracas:

Boas equipes têm uma visão de produto persuasiva que buscam com uma paixão missionária. Equipes ruins são mercenárias.

- Boas equipes têm uma visão de produto persuasiva que buscam com uma paixão missionária. Equipes ruins são mercenárias.
- Boas equipes obtêm sua inspiração e ideias de produto de sua visão e objetivos, da observação das dificuldades dos clientes, da análise dos dados que clientes geram a partir do uso do seu produto e da constante busca para aplicar nova tecnologia a fim de resolver problemas reais. Equipes ruins coletam exigências de vendas e clientes.
- Boas equipes entendem quem são cada um dos seus stakeholders-chave, entendem as restrições em que estes stakeholders operam e estão comprometidas a criar soluções que funcionem não só para usuários e clientes, mas também nas restrições do negócio. Equipes ruins coletam exigências dos stakeholders.
- Boas equipes são qualificadas em várias técnicas para rapidamente experimentar as ideias de produto a fim de determinar quais verdadeiramente valem a pena desenvolver. Equipes ruins fazem reuniões para gerar roadmaps priorizados.
- Boas equipes adoram ter discussões de brainstorming com líderes inteligentes da empresa. Equipes ruins ficam ofendidas quando alguém de fora da sua equipe ousa sugerir que elas façam algo.
- Boas equipes têm produto, design e engenharia sentados lado a lado e aceitam a troca entre a funcionalidade, a experiência do usuário e tecnologia habilitadora. Equipes ruins se sentam em seus respectivos

silos e pedem aos outros para fazer solicitações para seus serviços na forma de documentos e reuniões agendadas.

- Boas equipes estão constantemente experimentando novas ideias para inovar, mas fazem isso de forma que proteja o faturamento e a marca. Equipes ruins ainda estão esperando a permissão para executar um teste.
- Boas equipes insistem que elas tenham conjuntos de habilidades na sua equipe como forte design de produto, necessário para criar produtos vitoriosos. Equipes ruins nem sabem o que designers de produtos são.
- Boas equipes garantem que seus engenheiros têm tempo para experimentar os protótipos na descoberta todos os dias para que possam contribuir com seus pensamentos em como melhorar o produto. Equipes ruins mostram os protótipos para engenheiros durante o planejamento do sprint para que possam estimar.
- Boas equipes se engajam diretamente com clientes e usuários finais toda semana, para melhor entender seus clientes e ver a resposta deles às suas últimas ideias. Equipes ruins pensam que elas são o cliente.
- Boas equipes sabem que várias de suas ideias favoritas não funcionarão para clientes e até mesmo as que poderiam funcionar precisarão de várias iterações para chegar ao ponto em que fornecem o resultado desejado. Equipes ruins apenas desenvolvem o que está no roadmap e estão satisfeitas com as datas de reunião e em garantir qualidade.
- Boas equipes entendem a necessidade para a velocidade e como a rápida iteração é a chave para a inovação e elas entendem que esta velocidade vem de técnicas corretas e não de trabalho forçado. Equipes ruins reclamam que estão lentas porque seus colegas não estão trabalhando arduamente o suficiente.
- Boas equipes assumem compromissos de alta integridade após avaliarem a solicitação e garantirem que têm uma solução viável que funcionará para o cliente e para o negócio. Equipes ruins reclamam por ser uma empresa movida a vendas.

- Boas equipes equipam seu trabalho para que possam imediatamente entender como seu produto está sendo usado e fazer ajustes baseados nos dados. Equipes ruins consideram análises e relatórios uma boa coisa para se ter.
- Boas equipes integram e lançam continuamente, sabendo que um fluxo constante de lançamentos menores fornece uma solução muito mais estável para seus clientes. Equipes ruins testam manualmente no fim de uma fase de integração difícil e então lançam tudo ao mesmo tempo.
- Boas equipes ficam obcecadas com seus clientes de referência. Equipes ruins ficam obcecadas com seus concorrentes.
- Boas equipes celebram quando alcançam um impacto significativo para os resultados do negócio. Equipes ruins celebram quando finalmente lançam algo.

Se você se identificou com um número significativo destes itens, espero que considere elevar a expectativa para sua equipe. Veja se não consegue usar as técnicas neste livro para experienciar a diferença.

CAPÍTULO

65

Principais Razões para a Perda de Inovação

Defino *inovação consistente* como a habilidade de uma equipe de adicionar repetidamente valor ao negócio. Várias organizações perdem sua habilidade de inovar em escala e isso é inacreditavelmente frustrante tanto para os líderes quanto para os membros das equipes de produtos. Essa é uma das principais razões para que as pessoas frequentemente troquem grandes empresas por startups.

Mas perder a habilidade de inovar é absoluta e demonstravelmente não inevitável. Algumas das empresas mais consistentemente inovadoras na nossa indústria são muito grandes — considere Amazon, Google, Facebook e Netflix como exemplos.

Organizações que perdem a habilidade de inovar em escala estão inevitavelmente perdendo um ou mais dos seguintes atributos:

1. **Cultura centrada no cliente.** Conforme Jeff Bezos, o CEO da Amazon, diz: "Clientes estão sempre linda e maravilhosamente insatisfeitos, mesmo quando relatam que estão felizes e que o negócio está ótimo. Mesmo quando não sabem ainda, clientes querem algo melhor e seu desejo de agradá-los levará você a inventar em nome deles." Empresas

que não têm foco em clientes — e contato frequente e direto com eles — perdem esta paixão e fonte crucial de inspiração.

> *"Clientes estão sempre linda e maravilhosamente insatisfeitos, mesmo quando relatam que estão felizes e que o negócio está ótimo. Mesmo quando não sabem ainda, clientes querem algo melhor e seu desejo de agradá-los levará você a inventar em nome deles."*

2. **Visão de produto persuasiva.** No momento em que várias empresas alcançam escala, sua visão de produto original é agora amplamente percebida e a equipe luta para entender o que vem depois. Isso geralmente acontece porque os fundadores originais podem ter saído da empresa, e provavelmente eles eram os donos da visão. Neste caso, alguém mais — geralmente o CEO ou VP de produto — precisa se voluntariar e preencher este vazio.

3. **Estratégia de produto focada.** Um dos caminhos mais certos para o fracasso do produto é tentar agradar todos ao mesmo tempo. Ainda assim, grandes empresas frequentemente se esquecem desta realidade. A estratégia de produto precisa explicar claramente uma sequência intencional e lógica de público-alvo para as equipes de produtos focarem.

4. **Fortes gerentes de produto.** A falta de um gerente de produto forte e capaz é tipicamente a grande razão para falta de inovação de produto. Quando uma empresa é pequena, o CEO ou um dos cofundadores geralmente desempenham esta função, mas, em escala, cada equipe de produtos depende de um gerente de produto forte e capaz.

5. **Equipes de produtos estáveis.** Um dos pré-requisitos para a inovação consistente é uma equipe que tenha tido uma chance de aprender o espaço, tecnologias e dores do cliente. Isso não acontece se os membros da equipe estão constantemente mudando.

6. **Engenheiros na descoberta.** Muito frequentemente, a chave para a inovação são os engenheiros na equipe, mas isso significa (a) incluí-los desde o começo e não apenas no fim e (b) expô-los diretamente à dor do cliente.

7. **Coragem corporativa.** Não é segredo que várias empresas se tornam extremamente avessas a risco conforme ficam maiores. Existe, é claro, muito mais para se perder. Mas as melhores empresas de produtos de tecnologia sabem que a estratégia mais arriscada de todas é parar de correr riscos. Nós realmente temos que ser espertos sobre como trabalhamos, mas a prontidão para arriscar uma disrupção em nosso negócio atual é essencial para a inovação consistente.
8. **Equipes de produtos empoderadas.** Embora sua organização possa ter começado utilizando as melhores práticas, várias organizações regridem conforme crescem, e, se você voltou a apenas entregar seus roadmaps de funcionalidade de equipes, então você não pode mais esperar os benefícios das equipes de produtos empoderadas. Lembre-se de que empoderamento significa que as equipes são capazes de abordar e resolver os problemas do negócio aos quais elas foram designadas da forma que elas julgarem mais conveniente.
9. **Mindset de produto.** Em uma organização de mindset de TI, as equipes de produtos existem para servir as necessidades do negócio. Em contraste, em uma organização de mindset de produto, as equipes de produtos existem para servir os clientes da empresa de forma que atenda às necessidades do negócio. As diferenças resultantes entre estes mindsets são várias e profundas.
10. **Tempo para inovar.** Em escala, é muito possível que suas equipes de produtos estejam inteiramente consumidas fazendo apenas o que chamamos de atividades de *manter as luzes acesas* (consertar bugs, implementar capacidades para diferentes partes do negócio, abordar dívida técnica e mais). Se esta é a sua situação, você não deve ficar surpreso com a falta de inovação. Um pouco disso é normal e saudável, mas garanta que suas equipes tenham espaço para também se aprofundarem em problemas mais impactantes e mais difíceis.

Espero que você observe que a lista acima essencialmente descreve uma cultura de inovação consistente. Tem mais a ver com a cultura do que com o processo — ou qualquer outra coisa.

CAPÍTULO

66

Principais Razões para a Perda de Velocidade

Conforme as organizações crescem, não é incomum que haja perda de velocidade. Isso não é necessário, e as melhores empresas podem acelerar. Mas, se estiver vendo uma desaceleração, estas são as primeiras coisas para se procurar.

1. **Dívida técnica.** Frequentemente, a arquitetura não facilita ou permite a evolução rápida do produto. Isso não é algo que pode ser consertado do dia para a noite, mas precisa ser atacado em um esforço conjunto e contínuo.

2. **Falta de fortes gerentes de produto.** A falta de um gerente de produto forte e capaz tipicamente é uma grande razão para um produto lento. O impacto de um fraco gerente de produto aparece de várias maneiras, mas é muito mais visível em uma equipe de mercenários do que de missionários. O gerente de produto não inspirou ou evangelizou a equipe, ou a equipe perdeu confiança em seu gerente de produto.

> *A falta de um gerente de produto forte e capaz tipicamente é uma grande razão para um produto lento.*

3. **Falta de gestão de entrega.** A função mais importante do gerente de entrega é remover impedimentos e a lista de impedimentos cresce não linearmente conforme a organização de tecnologia cresce. Muitos impedimentos não irão embora rapidamente sem alguém ativamente trabalhar para resolvê-los.

4. **Ciclos de lançamento infrequentes.** Muitas equipes com velocidade lenta têm formas de lançamento que são muito infrequentes. Sua equipe deve lançar não menos frequentemente do que a cada duas semanas (equipes muito boas lançam múltiplas vezes por dia). Corrigir isso significa levar a sério a automação de teste e automação de lançamento, logo, a equipe pode mudar rapidamente e lançar com confiança.

5. **Falta de estratégia e visão de produto.** É essencial que a equipe tenha uma visão clara da situação como um todo e como seu trabalho imediato contribui para o todo.

6. **Falta de equipes de produto duráveis próximas.** Se equipes estão divididas em diversos locais — ou pior, se engenheiros são terceirizados —, além da diminuição drástica na inovação, a velocidade da organização sofrerá significativamente. Mesmo a comunicação simples se torna difícil. Isso fica tão mal que várias firmas terceirizadas adicionam uma outra camada de pessoas para coordenar e comunicar, o que geralmente piora tudo.

7. **Não incluir engenheiros cedo o suficiente durante a descoberta de produto.** Os engenheiros precisam participar da descoberta de produto a partir do início da ideação. Eles frequentemente contribuem com abordagens alternativas cuja implementação pode ser significativamente mais rápida se você as incluir cedo o suficiente no processo para o gerente de produtos e designer ajustar. Caso não, seus dados cruciais virão muito tarde no processo.

8. **Não utilizar design de produto na descoberta e em vez disso fazê-lo tentar executar seu trabalho ao mesmo tempo que os engenheiros estiverem tentando desenvolver.** Não fazer isso tanto desacelerará as coisas como levará a experiências ruins.

9. **Mudar prioridades.** Perceba que mudar prioridades muitas vezes e rapidamente causa perdas significativas e consideravelmente reduz o moral e produtividade geral.

10. **Uma cultura de consenso.** Várias organizações empenham-se por consenso. Apesar de isso tipicamente vir com boas intenções, o que significa na prática é que é muito difícil tomar decisões e elas se arrastam.

Existem, é claro, várias outras causas de produto lento, mas, na minha experiência, estas estão entre as mais comuns.

CAPÍTULO

67

Estabelecendo uma Forte Cultura de Produto

Enquanto conversamos sobre técnicas e equipes de produtos para descobrir produtos bem-sucedidos, espero que você tenha observado que, na verdade, estamos conversando sobre *cultura* de produto. Descrevi para você como grandes empresas de produtos pensam, se organizam e operam.

Penso em cultura de produto junto com duas dimensões. A primeira é se a empresa pode consistentemente inovar para descobrir soluções valiosas para seus clientes. É aqui que entra a descoberta de produtos.

A segunda é execução. Não importa o quão ótimas as ideias sejam se você não conseguir entregar uma versão lançável do seu produto para os seus clientes. É aqui que entra a entrega de produtos.

Minha meta neste capítulo final é descrever as características de uma forte cultura de *inovação* versus aquelas de uma forte cultura de *execução*.

O que realmente significa ter uma forte cultura de inovação?

Na verdade, estamos conversando sobre cultura de produto. Descrevi para você como grandes empresas de produtos pensam, se organizam e operam.

- Cultura de experimentação — equipes sabem que podem executar testes; alguns terão sucesso e vários fracassarão e isso é aceitável e compreensível.
- Cultura de mentes abertas — equipes sabem que boas ideias podem surgir de qualquer lugar e não são sempre óbvias no começo.
- Cultura de empoderamento — indivíduos e equipes se sentem empoderados para testar uma ideia.
- Cultura de tecnologia — equipes percebem que inovação verdadeira pode ser inspirada por tecnologias novas e análise de dados, como também por clientes.
- Cultura de negócio — e equipes especialistas em clientes, incluindo desenvolvedores, têm um profundo entendimento das restrições e necessidades do negócio e entendimento dos (e acesso a) usuários e clientes.
- Cultura de diversidade de habilidades e diversidade de equipe — equipes apreciam que habilidades diferentes e backgrounds contribuam para inovar soluções — especialmente engenharia, design e produto.
- Cultura de técnicas de descoberta de produto — os mecanismos estão no lugar para que as ideias sejam testadas rapidamente e de forma segura (protegendo marca, faturamento, clientes e colegas).

O que realmente significa ter uma forte cultura de execução?

- Cultura de senso de urgência — pessoas sentem que estão em tempo de guerra e que, se não encontrarem uma forma de se mover rapidamente, coisas ruins podem acontecer.

- Cultura de compromisso de alta integridade — equipes entendem a necessidade de (e o poder de) compromissos, mas elas também insistem em compromissos de alta integridade.
- Cultura de empoderamento — equipes sentem como se tivessem as ferramentas, recursos e permissão para fazer o que quer que seja necessário para atender seus compromissos.
- Cultura de responsabilidade — pessoas e equipes sentem uma profunda responsabilidade para atender seus compromissos. A responsabilidade também implica em consequências — não necessariamente sendo demitidas, exceto em extremas e repetidas situações, mas provavelmente com consequências para as suas reputações entre seus companheiros.
- Cultura de colaboração — embora o empoderamento e a autonomia da equipe sejam importantes, equipes entendem a necessidade ainda maior de trabalharem juntas para realizar vários dos maiores e mais significativos objetivos.
- Cultura de resultados — o foco está na entrega ou nos resultados?
- Cultura de reconhecimento — equipes frequentemente pegam suas dicas do que é premiado e o que é aceito. Apenas a equipe que descobre a grande nova ideia é premiada ou a equipe que entregou um compromisso cruelmente difícil também o é? E qual é a mensagem, se perder um compromisso é visto como aceitável?

Então, se estas características ajudam a definir cada cultura, isso encoraja algumas perguntas muito difíceis:

- Uma cultura de inovação está de alguma forma inerentemente em conflito com uma cultura de execução?
- Uma forte cultura de execução leva a um ambiente de trabalho estressante (ou pior)?
- Quais tipos de pessoas, incluindo líderes, são atraídos e necessários para cada tipo de cultura?

Posso dizer a você que realmente existem empresas que são muito fortes tanto na execução quanto na inovação consistente. A Amazon é um dos melhores exemplos. Todavia, também é sabido que o ambiente de trabalho da Amazon não é para corações fracos. Descobri que muitas empresas excepcionalmente fortes na execução são lugares muito difíceis para se trabalhar.

Na minha experiência trabalhando com empresas, somente algumas são fortes tanto na execução quanto na inovação. Várias são boas em execução, mas fracas em inovação; algumas são fortes em inovação e apenas corretas na execução; e um número deprimente de empresas são fracas tanto na execução quanto na inovação (geralmente empresas mais antigas que perderam o seu jeito com produto há muito tempo, mas que ainda têm uma marca forte e base de clientes com os quais podem contar).

Em qualquer caso, espero que você e sua equipe considerem avaliar vocês mesmos junto com estas dimensões de inovação e execução e então perguntar a vocês mesmos onde gostariam de estar ou pensar o que precisam ser, como uma equipe ou empresa.

Aprendendo Mais

O site do Silicon Valley Product Group (www.svpg.com — conteúdo em inglês) é projetado como um recurso aberto e gratuito onde nós compartilhamos nossos últimos pensamentos e aprendizados do mundo de produtos movidos à tecnologia.

Você também encontrará exemplos de técnicas descritas no livro (veja www.svpg.com/examples — conteúdo em inglês) e uma lista de leitura recomendada atual (veja www.svpg.com/recommended-reading — conteúdo em inglês).

Para gerentes de produto aspirantes, realizamos ocasionais sessões de treinamento intensas, geralmente em São Francisco, Nova York e Londres. Nossa meta é compartilhar os aprendizados mais recentes e proporcionar uma experiência que marque sua carreira como gerentes de produto de tecnologia aspirantes (veja www.svpg.com/public-workshops/ — conteúdo em inglês).

Para empresas que acreditam que precisam de mudança significativa e drástica na sua organização de produtos e tecnologia para produzir competitivamente produtos movidos à tecnologia, também oferecemos engajamentos de clientes na empresa.

Você pode encontrar mais informações sobre estas várias opções e aprender mais sobre os parceiros do SVPG que fornecem esses serviços em www.svpg.com [conteúdo em inglês].

Índice

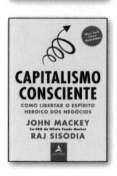

ROTAPLAN
GRÁFICA E EDITORA LTDA
Rua Álvaro Seixas, 165
Engenho Novo - Rio de Janeiro
Tels.: (21) 2201-2089 / 8898
E-mail: rotaplanrio@gmail.com